高职高专"十三五"规划教材

辽宁省能源装备智能制造高水平特色专业群建设成果系列教材

王 辉 主编

使用数控车床加工零部件

张 昊 刘 馥 段治如 主编

化学工业出版社

·北京·

内容简介

《使用数控车床加工零部件》围绕数控车操作、工艺设计、宇龙仿真、手工编程及自动编程等学习内容，结合企业生产特点，以企业工作任务为背景安排教学内容，按照"理实一体，任务驱动"教学模式组织教学，全书共分10个项目，主要内容包括数控机床的认识与简单操作、常用测量工具的使用、认识宇龙仿真软件、台阶轴的加工、圆弧零件的加工、轴套类零件的加工、槽轮类零件的加工、螺纹轴零件的加工、椭圆轴零件的加工、CAXA数控车自动编程等。

本教材适用于高职高专机械制造与自动化等机械设计制造类专业，也可供机械、数控等行业的人员参考使用。

图书在版编目（CIP）数据

使用数控车床加工零部件/张昊，刘馥，段治如主编．—北京：化学工业出版社，2021.1（2025.7重印）
高职高专"十三五"规划教材　辽宁省能源装备智能制造高水平特色专业群建设成果系列教材
ISBN 978-7-122-37922-1

Ⅰ.①使… Ⅱ.①张… ②刘… ③段… Ⅲ.①数控机床-车床-机床零部件-高等职业教育-教材　Ⅳ.①TG519.1

中国版本图书馆CIP数据核字（2020）第198901号

责任编辑：张绪瑞　满悦芝　　　　　　装帧设计：张　辉
责任校对：刘　颖

出版发行：化学工业出版社（北京市东城区青年湖南街13号　邮政编码100011）
印　　装：北京科印技术咨询服务有限公司数码印刷分部
787mm×1092mm　1/16　印张13　字数315千字　2025年7月北京第1版第2次印刷

购书咨询：010-64518888　　　　　　　　售后服务：010-64518899
网　　址：http://www.cip.com.cn
凡购买本书，如有缺损质量问题，本社销售中心负责调换。

定　　价：39.80元　　　　　　　　　　　　　　　　　　版权所有　违者必究

辽宁省能源装备智能制造高水平特色专业群
建设成果系列教材编写人员

主　编：王　辉

副主编：段艳超　孙　伟　尤建祥

编　委：孙宏伟　李树波　魏孔鹏　张洪雷

　　　　张　慧　黄清学　张忠哲　高　建

　　　　李正任　陈　军　李金良　刘　馥

前言

"数控车床加工"是数控技术工作过程系统化专业课程体系中的一门重要核心课。本教材围绕数控车操作、工艺设计、宇龙仿真、手工编程及自动编程等学习内容,并结合企业生产特点,以企业工作任务为背景安排教学内容,按照"理实一体,任务驱动"教学模式组织教学。与传统教材相比,本书主要有以下几个特点:

1. 摒弃了传统学科知识体系的编写思路,将企业用人需求与数控车职业资格标准相结合,引入高职教育"任务驱动的教学理念"来选取和组织教学内容,内容包括了数控车基本操作训练、内外轮廓车削、切槽、孔加工、螺纹加工与对应的程序编制以及特殊曲面的加工和宏程序的编制、职业技能考证、CAXA自动编程等内容。

2. 强调以情景引导工作过程,在介绍加工工艺、编程指令及方法等显性知识的同时,还增加了任务完成过程等隐性知识的介绍,这有助于读者很好地掌握相关的知识和技能。

3. 遵循读者职业认知发展规律,按照从简单到复杂的顺序编排各教学内容,具有循序渐进的教学特点。

4. 贴近生产实际,重点介绍了目前企业主流的FANUC数控系统的操作与编程方法,所选的案例大部分为企业典型工作任务,具有显著的企业生产背景。

本书主要作为高职高专院校的机械制造及自动化等机械设计制造类专业的教材,也可作为广大工程技术人员的自学和培训用书。全书共分10个项目,主要内容包括数控机床的认识与简单操作、常用测量工具的使用、认识宇龙仿真软件、台阶轴的加工、圆弧零件的加工、轴套类零件的加工、槽轮类零件的加工、螺纹轴零件的加工、椭圆轴零件的加工、CAXA数控车自动编程。

本教材由盘锦职业技术学院张昊、刘馥、段治如主编,张慧、杨艳春副主编,于文强、吴明川、蔡言锋、王楠参编。全书在编写过程中参阅了大量同行作者相关文献,编者在此对所列主要参考文献作者表示衷心的感谢。

由于编者水平有限,书中难免存在疏漏和不足,敬请各位读者批评指正。

编 者
2020年6月

目录

项目 1 数控机床的认识与简单操作 1
  1.1 项目导入 1
  1.2 项目分析 1
  1.3 知识准备 1
    1.3.1 数控车床的分类 1
    1.3.2 数控车床的结构组成和布局形式 3
    1.3.3 数控车床的功能、特点及其应用 5
    1.3.4 数控车床安全生产规则 6
    1.3.5 数控车床常见故障和常规处理方法 6
    1.3.6 数控系统的维护和故障诊断 10
    1.3.7 数控车床的日常保养 12
    1.3.8 FANUC 系统数控车床系统操作设备 12
    1.3.9 FANUC 系统数控车床机床操作设备 15
  1.4 项目实施 16
    1.4.1 开机与关机 16
    1.4.2 手动操作方式 16
    1.4.3 MD 操作方式 17
    1.4.4 程序的编辑操作方式 17
    1.4.5 数据的显示与设定 18
    1.4.6 对刀操作 19
    1.4.7 对刀正确性校验 21
    1.4.8 自动加工操作 21
    1.4.9 车床的急停操作 22
    1.4.10 位置显示 22
  1.5 任务评价 23
  1.6 职业技能鉴定指导 23
    1.6.1 知识技能复习要点 23
    1.6.2 理论复习题 23

项目 2 常用测量工具的使用 25
  2.1 项目导入 25
  2.2 项目分析 25

- 2.3 知识准备 …… 25
  - 2.3.1 游标卡尺的使用 …… 25
  - 2.3.2 千分尺的使用 …… 30
- 2.4 项目实施 …… 35
  - 2.4.1 游标卡尺测量零件 …… 35
  - 2.4.2 千分尺测量零件 …… 36
- 2.5 任务评价 …… 37
- 2.6 职业技能鉴定指导 …… 37
  - 2.6.1 知识技能复习要点 …… 37
  - 2.6.2 理论复习题 …… 37

项目3 认识宇龙仿真软件 …… 39
- 3.1 项目导入 …… 39
- 3.2 项目分析 …… 39
- 3.3 知识准备 …… 40
  - 3.3.1 系统的安装 …… 40
  - 3.3.2 宇龙仿真软件的运行 …… 43
  - 3.3.3 宇龙仿真软件的基本操作 …… 44
- 3.4 项目实施 …… 48
- 3.5 任务评价 …… 52
- 3.6 职业技能鉴定指导 …… 52

项目4 台阶轴的加工 …… 53
- 4.1 项目导入 …… 53
- 4.2 项目分析 …… 53
- 4.3 知识准备 …… 53
  - 4.3.1 程序编制的基本概念 …… 53
  - 4.3.2 程序结构与格式 …… 55
  - 4.3.3 数控系统功能 …… 56
  - 4.3.4 刀具的直线插补 …… 60
- 4.4 项目实施 …… 62
  - 4.4.1 加工工艺设计 …… 62
  - 4.4.2 加工程序的编写 …… 63
  - 4.4.3 宇龙仿真模拟加工 …… 64
  - 4.4.4 实际加工 …… 68
- 4.5 任务评价 …… 69
- 4.6 职业技能鉴定指导 …… 70
  - 4.6.1 知识技能复习要点 …… 70
  - 4.6.2 理论复习题 …… 70

项目5 圆弧零件的加工 …… 71
- 5.1 项目导入 …… 71
- 5.2 项目分析 …… 71
- 5.3 知识准备 …… 72
  - 5.3.1 圆弧插补指令 …… 72
  - 5.3.2 内、外复合形状多重固定循环加工指令 …… 74
- 5.4 项目实施 …… 79

  5.4.1 加工工艺设计 …… 79
  5.4.2 加工程序的编写 …… 80
  5.4.3 宇龙仿真模拟加工 …… 81
  5.4.4 实际加工 …… 85
 5.5 任务评价 …… 85
 5.6 职业技能鉴定指导 …… 86
  5.6.1 知识技能复习要点 …… 86
  5.6.2 理论复习题 …… 86

项目6 轴套类零件的加工 …… 88
 6.1 项目导入 …… 88
 6.2 项目分析 …… 88
 6.3 知识准备 …… 89
  6.3.1 程序编制的基本概念 …… 89
  6.3.2 数控车床上孔加工工艺编程实例 …… 94
 6.4 项目实施 …… 94
  6.4.1 加工工艺设计 …… 94
  6.4.2 加工程序的编写 …… 96
  6.4.3 宇龙仿真模拟加工 …… 98
  6.4.4 实际加工 …… 103
 6.5 任务评价 …… 103
 6.6 职业技能鉴定指导 …… 104
  6.6.1 知识技能复习要点 …… 104
  6.6.2 理论复习题 …… 104

项目7 槽轮类零件的加工 …… 106
 7.1 项目导入 …… 106
 7.2 项目分析 …… 106
 7.3 知识准备 …… 107
  7.3.1 槽的种类与进刀方式 …… 107
  7.3.2 切削用量的选择 …… 108
  7.3.3 编程指令 …… 108
 7.4 项目实施 …… 113
  7.4.1 加工工艺设计 …… 113
  7.4.2 加工程序的编写 …… 114
  7.4.3 宇龙仿真模拟加工 …… 115
  7.4.4 实际加工 …… 119
 7.5 任务评价 …… 120
 7.6 职业技能鉴定指导 …… 121
  7.6.1 知识技能复习要点 …… 121
  7.6.2 理论复习题 …… 121

项目8 螺纹轴零件的加工 …… 123
 8.1 项目导入 …… 123
 8.2 项目分析 …… 123
 8.3 知识准备 …… 124
  8.3.1 螺纹术语与计算 …… 124

8.3.2 螺纹计算 ………………………………………………………………… 129
8.4 项目实施 ……………………………………………………………………… 129
8.4.1 加工工艺设计 ……………………………………………………… 129
8.4.2 加工程序的编写 …………………………………………………… 131
8.4.3 宇龙仿真模拟加工 ………………………………………………… 133
8.4.4 实际加工 …………………………………………………………… 136
8.5 任务评价 ……………………………………………………………………… 137
8.6 职业技能鉴定指导 …………………………………………………………… 138
8.6.1 知识技能复习要点 ………………………………………………… 138
8.6.2 理论复习题 ………………………………………………………… 138

项目9 椭圆轴零件的加工 …………………………………………………………… 139
9.1 项目导入 ……………………………………………………………………… 139
9.2 项目分析 ……………………………………………………………………… 139
9.3 知识准备 ……………………………………………………………………… 140
9.3.1 宏程序的概念 ……………………………………………………… 140
9.3.2 用宏程编程的优点 ………………………………………………… 141
9.3.3 变量 ………………………………………………………………… 141
9.3.4 变量的算术和逻辑运算 …………………………………………… 144
9.3.5 程序流程控制 ……………………………………………………… 145
9.3.6 子程序及参数传递 ………………………………………………… 147
9.3.7 编制椭圆宏程序的基本步骤 ……………………………………… 153
9.4 项目实施 ……………………………………………………………………… 154
9.4.1 加工工艺设计 ……………………………………………………… 154
9.4.2 加工程序的编写 …………………………………………………… 156
9.4.3 宇龙仿真模拟加工 ………………………………………………… 158
9.4.4 实际加工 …………………………………………………………… 160
9.5 任务评价 ……………………………………………………………………… 160
9.6 职业技能鉴定指导 …………………………………………………………… 161
9.6.1 知识技能复习要点 ………………………………………………… 161
9.6.2 理论复习题 ………………………………………………………… 161

项目10 CAXA数控车自动编程 ……………………………………………………… 162
10.1 项目导入 …………………………………………………………………… 162
10.2 项目分析 …………………………………………………………………… 162
10.3 知识准备 …………………………………………………………………… 162
10.3.1 界面与菜单介绍 ………………………………………………… 162
10.3.2 自动编程软件的重要术语 ……………………………………… 165
10.3.3 刀具管理 ………………………………………………………… 165
10.3.4 CAXA数控车软件的车削加工 ………………………………… 168
10.4 项目实施 …………………………………………………………………… 178
10.4.1 零件左端外轮廓的自动编程 …………………………………… 178
10.4.2 零件左端内轮廓的自动编程 …………………………………… 183
10.4.3 零件右端外轮廓的自动编程 …………………………………… 187
10.4.4 机床参数设置 …………………………………………………… 192
10.4.5 后处理设置 ……………………………………………………… 193

10.4.6 生成代码 …… 194
10.4.7 轨迹仿真 …… 195
10.5 任务评价 …… 196
10.6 职业技能鉴定指导 …… 196
参考文献 …… 197

项目1 数控机床的认识与简单操作

1.1 项目导入

数控车床是数控机床中结构较为简单的机床,其应用广泛,具有高效率、高精度的特点。它能加工各种回转体零件。本任务主要以 FANUC 0i 数控系统为例。

1.2 项目分析

本项目学习时先通过观看多媒体课件了解数控机床的结构及性能,掌握数控操作系统面板上按键的作用、数控车床的操作方法及安全文明操作规程等内容;通过程序输入掌握按键的使用方法。

1.3 知识准备

数控车床又称为 CNC(Computer Numerica Control)车床,即用计算机数字控制的车床,也是目前使用较为广泛的数控机床之一。数控车床是将编制好的加工程序输入到数控系统中,由数控系统通过 X、Z 坐标轴伺服电动机去控制车床进给运动部件的动作顺序、移动量和进给速度,再配以主轴的转速和转向,便能加工出各种形状不同的轴类或盘类回转体零件。普通卧式车床是靠手工操作机床来完成各种切削加工,数控车床从原理上讲与普通车床基本相同,但由于它增加了数字控制功能,因此加工过程中自动化程度高,与普通车床相比具有更强的通用性和灵活性以及更高的加工效率和加工精度。

1.3.1 数控车床的分类

数控车床品种繁多,可采用不同的方法进行分类。

1.3.1.1 按机床的功能分类

(1)经济型数控车床

经济型数控车床是在卧式车床基础上进行改进设计的,一般采用步进电动机驱动的开环伺服系统,其控制部分通常用单板机或单片机实现,具有 CRT 显示、程序存储、程序编辑等功能。但其加工精度不高,主要用于精度要求不高、有一定复杂程度的零件,如图 1-1 所示。

（2）全功能数控车床

该系列数控车床在结构上突出了精度、精度保持性、可靠性、可扩展性、安全性、易操作和可维修性等。适用于对回转体、轴类和盘类零件进行直线、圆弧、曲面、螺纹、沟槽和锥面等高效、精密、自动车削加工，具有刀尖半径自动补偿、恒线速、固定循环、宏程序等先进功能，如图 1-2 所示。

图 1-1　经济型数控车床

图 1-2　全功能数控车床

（3）车削中心

车削中心的主体是数控车床，配有动力刀座或机械手，可实现车、铣复合加工，如高效率车削、铣削凸轮槽和螺旋槽。如图 1-3 所示为一种高速卧式车削中心。

（4）数控立式车床

数控立式车床主要用于加工径向尺寸大、轴向尺寸相对较小且形状较复杂的大型或重型零件，适用于通用机械、冶金、军工、铁路等行业的直径较大的车轮、法兰盘、大型电机座、箱体等回转体的粗、精车削加工，如图 1-4 所示。

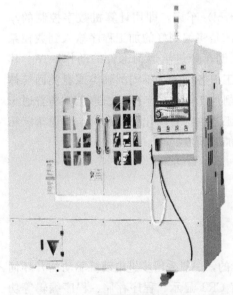
图 1-3　高速卧式车削中心

图 1-4　数控立式车床

1.3.1.2 按主轴的配置形式分类

① 卧式数控车床：主轴轴线处于水平位置的数控车床。

② 立式数控车床：主轴轴线处于垂直位置的数控车床。另外，还有具有两根主轴的车床，称为双轴卧式数控车床或双轴立式数控车床。

1.3.1.3 按数控系统控制的轴数分类

① 两轴控制的数控车床，机床上只有一个回转刀架，可实现两坐标控制。

② 四轴控制的数控车床，机床上有两个独立的回转刀架，可实现四轴控制。对于车削中心或柔性制造单元，还要增加其他的附加坐标轴来满足机床的功能。目前，我国使用较多的是中小规格的两坐标连续控制的数控车床。

记一记：

1.3.2 数控车床的结构组成和布局形式

1.3.2.1 数控车床的结构组成

数控车床与普通卧式车床相比较，其结构仍然是由主轴箱、刀架、进给传动系统、床身、液压系统、冷却系统、润滑系统等部分组成，只是数控车床的进给系统与普通卧式车床的进给系统在结构上存在着本质上的差别。图 1-5 为典型数控车床的机械结构组成。

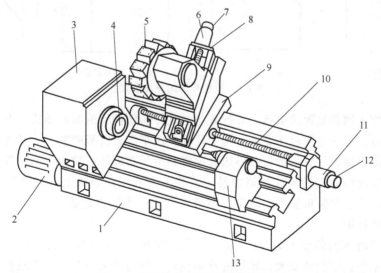

图 1-5 典型数控车床的机械结构组成

1—床身；2—主轴电动机；3—主轴箱；4—主轴；5—回转刀架；6,11—轴进给伺服电动机；
7—X 轴光电编码器；8—X 轴滚珠丝杠；9—拖板；10—滚珠丝杠；12—Z 轴光电编码器；13—尾座

普通卧式车床主轴的运动经过挂轮架、进给箱、溜板箱传到刀架实现纵向和横向进给运动。而数控车床是采用伺服电动机，经滚珠丝杠传到滑板和刀架，实现 Z 向（纵向）和 X

向(横向)进给运动。数控车床也有加工各种螺纹的功能,主轴旋转与刀架移动间的运动关系通过数控系统来控制。数控车床主轴箱内安装有脉冲编码器,主轴的运动通过同步齿形带1∶1地传到脉冲编码器。当主轴旋转时,脉冲编码器便发出检测脉冲信号给数控系统,使主轴电动机的旋转与刀架的切削进给保持加工螺纹所需的运动关系,即实现加工螺纹时主轴转一转,刀架Z向移动工件一个导程。

1.3.2.2 数控车床的布局

数控车床的主轴、尾座等部件相对床身的布局形式与卧式车床基本一致,而刀架和导轨的布局形式发生了根本的变化,这是因为刀架和导轨的布局形式直接影响数控车床的使用性能及机床的结构和外观所致。另外,数控车床上都设有封闭的防护装置。

(1)床身和导轨的布局

数控车床共有4种布局形式,即水平床身[图1-6(a)]、斜床身[图1-6(b)]、水平床身斜滑板[图1-6(c)]和立式床身[图1-6(d)]。水平床身的工艺性好,便于导轨面的加工。水平床身配上水平配置的刀架可提高刀架的运动速度,一般可用于大型数控车床或小型精密数控车床的布局。但是水平床身由于下部空间小,导致排屑困难。从结构尺寸上看,刀架水平放置使得滑板横向尺寸较长,从而加大了机床宽度方向的结构尺寸。

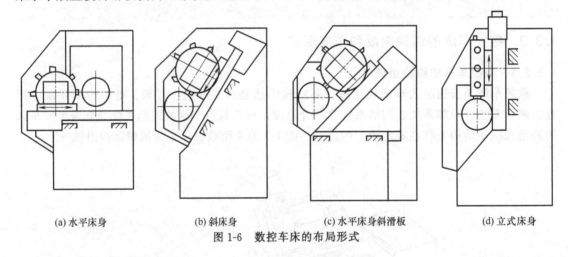

(a)水平床身　　　　(b)斜床身　　　　(c)水平床身斜滑板　　　　(d)立式床身

图1-6 数控车床的布局形式

水平床身配上倾斜放置的滑板,并配置倾斜式导轨防护罩的布局形式一方面有水平床身工艺性好的特点,另一方面机床宽度方向的尺寸较水平配置滑板的要小,且排屑方便。

水平床身配上倾斜放置的滑板和斜床身配置斜滑板布局形式被中、小型数控车床所普遍采用。这是由于此两种布局形式排屑容易,铁屑不会堆积在导轨上,也便于安装自动排屑器;操作方便,易于安装机械手,以实现单机自动化;机床占地面积小,外形简洁、美观,容易实现封闭式防护。

斜床身的导轨倾斜角度可为30°、45°、60°、75°和90°(称为立式床身)等几种。倾斜角度小,排屑不便;倾斜角度大,导轨的导向性差,受力情况也差。导轨倾斜角度的大小还会直接影响机床外形尺寸高度与宽度的比例。综合考虑上面的诸因素,中小规格的数控车床,其床身的倾斜度以60°为宜。

(2)刀架的布局

数控车床的刀架是机床的重要组成部分,刀架是用于夹持切削刀具的,因此其结构直接影响机床的切削性能和切削效率,在一定程度上,刀架结构和性能体现了数控车床的设计与制造水平。随着数控车床的不断发展，刀架结构形式也不断创新，但总体来说大致可分两大类，即排刀式刀架和转塔式刀架。有的车削中心还采用带刀库的自动换刀装置。

排刀式刀架一般用于小型数控车床，各种刀具排列并夹持在可移动的滑板上，换刀时可实现自动定位。

转塔式刀架也称刀塔或刀台，转塔式刀架有立式和卧式两种结构形式。转塔刀架具有多刀位自动定位装置，通过转塔头的旋转、分度和定位来实现机床的自动换刀动作。转塔刀架应分度准确、定位可靠、重复定位精度高、转位速度快、夹紧刚性好，以保证数控车床的高精度和高效率。有的转塔刀架不仅可以实现自动定位，而且可以传递动力。两坐标联动车床多采用12工位的回转刀架，也有采用6工位、8工位、10工位回转刀架的。回转刀架在机床上的布局有两种形式：一种是用于加工盘类零件的回转刀架，其回转轴垂直于主轴；另一种是用于加工轴类零件的回转刀架，其回转轴平行于主轴。

四坐标控制的数控车床的床身上安装有两个独立的滑板和回转刀架，故称为双刀架四坐标数控车床。其中，每个刀架的切削进给量是分别控制的，因此两刀架可以同时切削同一工件的不同部位，既扩大了加工范围，又提高了加工效率。四坐标数控车床的结构复杂，且需要配置专门的数控系统，实现对两个独立刀架的控制。这种机床适合加工曲轴、飞机零件等形状复杂、批量较大的零件。

记一记：

1.3.3 数控车床的功能、特点及其应用

车削加工一般是通过工件旋转和刀具进给完成切削过程的。其主要加工对象是回转体零件，加工内容包括车外圆、车端面、切断和车槽、钻中心孔、钻孔、车孔、铰孔、镗孔、车螺纹、车圆锥面、车成形面、滚花和攻螺纹等。但是由于数控车床是自动完成内外圆柱面、圆锥面、圆弧面、端面、螺纹等工序的切削加工，因此数控车床更加适合加工形状复杂的轴类或盘类零件。

数控车床具有加工灵活、通用性强、能适应产品品种和规格频繁变化的特点，能够满足新产品的开发和多品种、小批量、生产自动化的要求，因此被广泛应用于机械制造业，例如汽车制造厂、发动机制造厂等。

记一记：

1.3.4 数控车床安全生产规则

① 数控车床的使用环境要避免光的直射和其他热辐射,要避免太潮湿或粉尘过多的场所,特别要避免腐蚀气体的场所。

② 为了避免电源不稳定给电子组件造成损坏,数控机床应采取专线供电或增设稳压装置。

③ 数控车床的开机、关机顺序,一定要按照机床说明书的规定操作。

④ 主轴启动开始切削之前,要关好防护罩门,程序正常运行中禁止开启防护罩门。

⑤ 机床在正常运行时不允许开电器柜的门,禁止按动"急停""复位"按钮。

⑥ 机床发生故障,操作者要注意保留现场并向维修人员如实说明故障发生的前后情况,以利于分析情况、查找故障原因。

⑦ 数控机床的使用一定要有专人负责,严禁其他人随意动用数控设备。

⑧ 要认真填写数控车床的工作日志,做好交接班工作,消除事故隐患。

⑨ 不得随意更改控制系统内制造厂设定的参数。

记一记:

1.3.5 数控车床常见故障和常规处理方法

1.3.5.1 数控车床常见故障

数控车床是一种技术含量高且较复杂的机电一体化设备,其故障发生的原因一般都比较复杂,这给数控车床的故障诊断与排除带来不少困难。为了便于故障分析和处理,数控车床的故障大体上可以分为以下几类。

(1) 主机故障和电器故障

一般说来,机械故障比较直观,易于排除,电器故障相对而言比较复杂。电器方面的故障按部位基本可分为机床本体上的电气故障、伺服放大及位置检测部分故障、计算机部分故障和交流主轴控制系统故障。至于编程而引起的故障大多是由于考虑不周或输入时失误造成的,只需按系统提示修改即可。

① 主机故障。数控车床的主机部分,主要包括机械、润滑、冷却、排屑、液压、气动与防护等装置。常见的主机故障是因机械安装、调试及操作使用不当等原因而引起的机械传动故障与因导轨运动摩擦过大而引起的故障。故障表现为传动噪声大、加工精度差以及运行阻力大。

② 电气故障。机床本体上的电气故障,此种电器故障首先可利用机床自诊断功能的报警号,查阅梯形图或检查 I/O 接口信号状态,根据机床维修说明书所提供的图纸、资料、排故流程图和调整方法并结合工作人员的经验检查故障。

③ 伺服放大及位置检测部分故障。此种电器故障可利用计算机自诊断功能的报警号,

计算机及伺服放大驱动板上的各信息状态指示灯、故障报警指示灯，参阅维修说明书上介绍的关键测试点的波形、电压值，计算机、伺服放大板有关参数设定，短路销的设置及其相关电位器的调整，功能兼容板或备板的替换等方法来做出诊断和故障排除。

④ 计算机部分故障。此种电器故障主要利用计算机自诊断功能的报警号，计算机各板上的信息状态指示灯，各关键测试点的波形、电压值，各有关电位器的调整，各短路销的设置，有关机床参数值的设定，专用诊断组件，并参考计算机控制系统维修手册、电器图等加以诊断及排除。

⑤ 交流主轴控制系统故障。交流主轴控制系统发生故障时，应首先了解操作者是否有过不符合操作规程的意外操作，电源电压是否出现过瞬间异常，从外观检查是否有短路器跳闸、熔丝断开等直观易查的故障。如果没有，再确认是属于有报警显示类故障，还是无报警显示类故障，应根据具体情况而定。

(2) 系统故障和随机故障

① 系统故障。此故障是指只要满足某一特定的条件，机床或数控系统就必然出现的故障。比如，网络电压过高或过低，系统就会产生电压过高报警或电压过低报警；切削用量安排得不合适，就会产生过载报警等。

② 随机故障。此类故障是指在同样条件下，只偶尔出现一次或两次的故障。要想人为地再使其出现同样的故障则是不太容易的，有时很长时间也难再遇到一次。这类故障的诊断和排除都是很困难的。一般情况下，这类故障往往与机械结构的局部松动、错位有关，也可能与数控系统中部分组件工作特性的漂移，机床电器组件可靠性下降有关。比如，一台数控机床本来正常工作，突然出现主轴停止时产生漂移，停电后再送电，漂移现象仍不能消除，调整零漂电位器后现象消失，这显然是工作点漂移造成的。因此，排除此类故障应经过反复试验，综合判断。有些数控机床采用电磁离合器变挡，离合器剩磁也会产生类似的现象。

(3) 显示故障和无显示故障

以故障产生时有无自诊断显示来区分这两类故障。

① 有报警显示故障。现代的数控系统都有较丰富的自诊断功能，百余种的报警信号都可显示出来。其中大部分是 CNC 系统自身的故障报警，有的是数控机床制造厂利用操作者信息，将机床的故障也显示在显示器上，根据报警信号能比较容易地找到故障和排除故障。但是，这里讲的是比较容易的情况。有很多情况是虽然有报警显示，但是并不是报警的真正原因。比如，有一个研究所购置一台配有 FANUC 0-M 控制系统的铣床就出现了这样的故障：机床送电后只能向负方向点动，向正方向点动一个极小的距离就产生超程报警。停电后再送电，产生的情况与上述结果一样。经诊断实际情况是由于一次突然停电，CNC 系统受到干扰造成其送电后即返回参考点完成状态，再向正方向点动自然就产生超程报警。

② 无报警显示故障。数控机床产生的故障还有一种情况，那就是无任何报警显示，但机床却是在不正常状态，往往是机床停在某一位置上不能正常工作，甚至连手动操作都失灵。维修人员只能根据故障产生前后的现象来分析判断，排除这类故障是比较困难的。

(4) 破坏性故障和非破坏性故障

以故障产生时有无破坏性来区分这两类故障。

① 破坏性故障。此类故障产生会对机床和操作者造成侵害导致机床损坏或人身伤害，如飞车、超程运动、部件碰撞等。这些破坏性故障往往是人为造成的。破坏性故障产生之

后，维修人员在进行故障诊断时，绝不允许重现故障。

② 非破坏性故障。大多数的故障属于此类故障，这种故障往往通过"清零"即可消除。

1.3.5.2 故障诊断及常规处理方法

数控系统型号颇多，所产生的故障原因往往比较复杂，各不相同，本节介绍故障处理的一般方法和步骤。一旦故障发生，通常按以下步骤进行。

(1) 调查故障现场，充分掌握故障信息

数控系统出现故障后，不要急于动手盲目处理，首先要查看故障记录，向操作人员询问故障出现的全过程，在确认通电对系统无危险的情况下，再通电亲自观察，特别要注意确定以下主要故障信息。

① 故障发生时报警号和报警提示是什么，那些指示灯和发光管指示了什么报警。

② 如无报警，系统处于何种状态，系统的工作方式诊断结果如何。

③ 故障发生在哪个程序段，执行何种命令，故障发生前进行了何种操作。

④ 故障发生在何种速度下，轴处于什么位置，与指定值的位置差有多大。

⑤ 以前是否发生过类似故障，现场有无异常现象，故障是否重复发生。

(2) 分析故障原因，确定检查的方法和步骤

在调查故障现象，掌握第一手资料的基础上分析故障原因。故障分析可采用归纳法和演绎法。归纳法是从故障原因出发摸索其功能联系，调查原因对结果的影响，即根据可能产生的原因分析，看其最后是否与故障现象相符以确定故障点。演绎法是从所发生的故障现象出发对故障原因进行分割式的分析方法，即从故障现象开始，根据故障机理列出多种可能产生故障的原因，然后对这些原因逐点进行分析，排除不正确的原因，最后确定故障点。

(3) 故障的检测和排除

在检测故障过程中，应充分利用自控系统的自检测功能，如系统的开机诊断、运行诊断、PLC 的监控功能。根据需要随时检测有关部分的工作状态和接口信息，同时还应灵活应用数控系统故障检查的一些行之有效的方法。以下介绍常见故障的检查方法。

① 直观法。这是一种最基本的方法。维修人员通过对故障发生时的各种光、声、味等异常现象的观察以及认真查看系统的每一处，往往可将故障范围缩小到一个模块或一块印刷线路板。这就要求维修人员具有丰富的实际经验，要有较宽的多学科知识和综合判断能力。

② 功能程序测试法。所谓功能程序测试法就是将数控系统的常用功能和特殊功能，如直线定位、圆弧插补、螺纹切削、固定循环和用户宏程序等，用手工编程或数控编程方法，编成一个功能程序测试纸带，通过纸带阅读机送入阅读系统中，然后启动数控系统使之运行以检测机床执行这些功能的可靠性和准确性，进而判断出故障发生的可能起因。本方法对于长期闲置的数控机床第一次开机的检查、机床加工造成废品但又无法报警的情况以及一些难以确信是编程错误或是操作错误的机床故障是较好的判断方法。

③ 自诊断功能法。现代数控系统虽然尚未达到智能化很高的程度，但已经具备了较强的自诊断能力，它能随时检测数控系统的硬件和软件的工作情况，一旦发现异常，立即在 CRT 上显示报警信息或用发光三极管指示出故障的大致原因，利用自诊断功能也能显示出系统与主机之间接口信号状态，从而判断故障发生在机械部分还是数控系统部分并指示出故障的大致部位。该方法是当前维修时最有效的一种办法。

④ 局部升温法。CNC 系统经过长期运行，元器件均要老化，性能也会变坏。当它们尚

未完全损坏时，出现的故障会变得时有时无。这时可用热吹风机或电烙铁等来局部升温被怀疑的元器件，加速其老化，以便彻底暴露故障部件。当然，采用此法加工时，一定要注意元器件的温度参数等，不要将原来是好的器材烤坏。

⑤参数检查法。数控参数能直接影响数控机床的性能。参数通常是存放在参数内存或需由电磁保持的 CMOS RAM 中。一旦电磁不足或由于外界的某种干扰，使个别参数丢失或变化，就会使机床无法正常工作。此时，通过核对，修正参数就能将故障排除。当机床长期闲置后工作而无故地出现不正常现象或有故障而无报警时，就应根据故障特征，检查或校对有关参数。另外，经过长期运行的数控机床，由于其机械传动部分磨损，电器组件性能变化等原因，也需要对其有关参数进行调整。有些机床的故障往往就是由于未及时修改某些不适应的参数所致。当然，这些故障都是属于软件故障的范畴。

⑥敲击法。当 CNC 系统出现的故障表现为若有若无时，往往可用敲击法检查出故障的部位。这是由于 CNC 系统是由多块印刷线路板组成，每块板上又有许多焊点，板间或模块间又通过插接件及电缆相连。因此，任何虚焊或接触不良都可能引起故障。用绝缘物轻轻敲打有虚焊及接触不良的疑点处，故障肯定会重复出现。

⑦测量比较法。CNC 系统生产厂在设计印刷线路板时，为了调整、维修的便利，在印刷线路板上设计了多个检测用端子。用户也可利用这些端子比较正常的印刷线路板和有故障的印刷线路板之间的差异，检测这些测量端子的电压或波形，分析故障的起因及故障所在的位置。甚至有时还可对正常的印刷线路板人为地制造故障，如断开联机或短路，拔去组件等，以判断真实故障的原因。为此，维修人员应在平时积累对印刷线路板上关键部分或易出故障部分在正常时的正确波形和电压值的认识。

⑧转移法。所谓转移法就是将 CNC 系统中具有相同功能的两块印刷线路板、模板、集成线路芯片或元器件互相交换，观察故障现象是否随之转移。借此，可迅速确定系统的故障部位。这个方法实际上也是交换法的一种。

⑨交换法。这是一种简单易行的方法，也是现场判断时最常用的一种方法。所谓交换法就是在分析出故障大致起因的情况下，维修人员利用备用的印刷线路板、模板、集成电路芯片或元器件替换有疑点的部分，从而把故障范围缩小到印刷线路板或芯片一级。实际上也是在验证分析的正确性。

⑩原理分析法。根据 CNC 系统的组成原理，可以理论上分析各点的逻辑电平和特征参数（如电压值或波形），然后用万用表、逻辑笔、示波器或逻辑分析仪进行测量、分析和比较，从而对故障定位。使用这种方法，要求维修人员必须对整个系统或每个电路的原理有清楚、深刻的了解。

以上这些检查方法各有特点，按照不同的故障现象，可以同时选择几种方法灵活运用，对故障进行综合分析，才能逐渐缩小故障范围，较快地排除故障。

记一记：

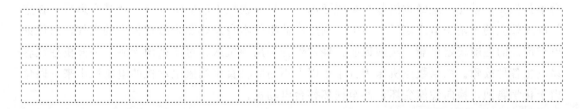

1.3.6 数控系统的维护和故障诊断

1.3.6.1 数控系统的预防性维护

为充分发挥数控机床的效益，机床数控系统在运行一定时间之后，某些元器件或机械部件难免出现一些损坏或故障现象，问题的关键在于对这种高精度、高效益且又昂贵的设备，如何延长元器件的寿命和零部件的磨损周期，预防各种事故，特别是将恶性事故消灭在萌芽状态，从而提高系统的无故障工作时间和使用寿命。因此，做好预防性维护工作是使用好数控机床的一个重要环节，数控维修、操作和管理人员应共同做好这项工作。以下是预防性维护工作的主要内容。

① 严格遵循操作规程。数控系统编程人员和操作人员必须经过专门的技术培训；熟悉所用数控机床的机械与数控系统，强电设备，液压、气源等部件及使用环境、加工条件等；能按机床和系统使用说明书的要求正确合理地使用；应尽量避免因操作不当引起的故障。

② 防止数控装置过热。应定期清理数控装置的散热通风系统；经常检查数控装置上各冷却风扇工作是否正常；应视车间环境状况，每半年或一个季度清扫一次。

③ 经常监视数控系统电压。数控系统允许的电网电压范围在额定值的-10%～15%之间，如果超出此范围，轻则使数控系统不能稳定工作，重则会造成电子部件的损坏。因此，要经常注意电网电压的波动。对于电网电压比较劣质的地区，应及时配置数控系统专用的交流稳压电源装置，这将使故障率明显降低。

④ 定期检查和更换直流电动机的电刷。目前一些老的数控机床上使用的大部分都是直流电动机，这种电动机电刷的过度磨损会影响其性能甚至造成电动机损坏，所以必须定期检查电刷。

⑤ 防止尘埃进入数控装置内。除了进行检修外，应尽量少开电气柜门，因为车间内空气中飘浮的灰尘和金属粉末落在印刷电路板和电气接插件上，容易造成组件间绝缘电阻下降，从而出现故障甚至使组件损坏。有些数控机床的主轴控制系统安置在强电柜中，强电门关得不严是使电器组件损坏、主轴控制失灵的一个原因。有些使用者，当夏天气温过高时干脆打开数控柜门，采用电风扇往数控柜内吹风，以降低机内温度使数控机床勉强工作，这会导致系统加速损坏。电火花加工数控设备和火焰切割数控设备，周围金属粉尘大，更应注意防止外部尘埃进入数控柜内部。

⑥ 内存用电池定期检查和更换。通常，数控系统中部分CMOS内存中的存储内容在断电时靠电池供电保持。一般采用锂电池或可充电的镍镉电池。当电池电压下降至一定值时就会造成参数丢失。因此，要定期检查电池电压，当该电压下降至限定值或出现电池电压报警时，应及时更换电池。更换电池时一般要在数控系统通电状态下进行，这样才不会造成存储参数的丢失。一旦参数丢失，可在更换新电池后，重新将参数输入。

⑦ 数控系统长期不用时的维护。当数控机床长期闲置不用时，也应定期对数控系统进行维护保养。首先，应经常给数控系统通电，在机床锁住不动的情况下，让其空运行。在空气湿度较大的梅雨季节应该天天通电，利用电器组件本身发热驱走数控柜内的潮气，以保证电子部件的性能稳定可靠。实践证明，经常停置不用的机床，过了梅雨天后，一开机往往容易发生各种故障。如果数控机床闲置半年以上不用应将直流伺服电动机的电刷取出来，以免由于化学腐蚀，换向性能变坏，甚至损坏整台电动机。

1.3.6.2 数控系统故障诊断

随着微电子技术的发展，数控系统的故障诊断技术也由简单的诊断朝着多功能的高级诊断或智能化方向发展，虽然不同的数控系统在结构和性能上有所不同，但在故障诊断上有它们的共性。

数控装置控制系统的故障主要利用自诊断功能报警号，计算机各板的信息状态指示灯，各关键测试点的波形、电压值，各有关电位器的调整，各短路销的设定，有关机床参数值的设定，专用诊断组件，并参考控制系统维修手册、电气图册等加以排除。控制系统部分的常见故障及其诊断如下。

（1）电池报警故障

当数控机床断电时，为保存好机床控制系统的机床参数及加工程序，需靠后备电池予以支持。这些电池到了使用寿命，即其电压低于允许值时，就会产生电池故障报警。当报警灯亮时，应及时予以更换，否则，机床参数就容易丢失。由于更换电池容易丢失机床参数，因此应该在机床通电时更换电池，以保证系统能正常工作。

（2）键盘故障

在用键盘输入程序时，若发现有关字符不能输入、不能消除，程序不能复位或显示屏不能变换页面等故障，首先应考虑有关按键是否接触不好，予以修复或更换。若不见成效或者所用按键都不起作用，可进一步检查该部分的接口电路、系统控制软件及电缆连接状况等。

（3）熔丝故障

控制系统内熔丝烧断故障，多出现于对数控系统进行测量时的误操作或由于机床发生了撞车等意外事故。因此，维修人员要熟悉各熔丝的保护范围，以便发生问题时能及时查出并予以更换。

（4）刀位参数的更改

FANUC-10T系统控制的F12数控车床带有两个换刀台，在加工过程中，由于机床的突然断电或因意外操作触动了急停按钮，使机床刀具的实际位置与计算机内存的刀位号不符，如果操作者不注意，往往会发生撞车或打刀等事故。因此，一旦发现刀位不对时，应及时核对控制系统内存刀位号与实际刀台位置是否相符，若不符，应参阅说明书介绍的方法，及时将控制系统内存中的刀位号改为与刀台位置一致。

（5）控制系统的"NOT READY（没准备好）"故障

① 首先应检查CRT显示面板L是否有其他故障指示灯亮及故障信息提示，若有问题应按故障信息目录的提示去解决。

② 检查伺服系统电源装置是否有熔丝断、断路器跳闸等问题，若合上断路器或更换了熔丝后断路器再跳闸，应检查电源部分是否有问题；检查是否有电机过热、大功率晶体管组件过电流等故障而使计算机监控电路起作用；检查控制系统备板是否有故障灯显示。

③ 检查控制系统所需各交流电源、直流电源的电压值是否正常。

（6）若电压不正常可造成逻辑混乱而产生"NOT READY"故障

对每台数控机床都要充分了解并掌握各机床参数的含义及功能，它除能帮助操作者很好地了解该机床的性能外，有的还有利于提高机床的工作效率或用于排除故障。控制系统部分的故障现象很多，如CRT显示装置的亮度不够、帧不同步或无显示；光电阅读机的故障；输入、输出打印机故障；机床参数的全消除方法；数控装置的初始化方法；备板的更换方法及注意事项等。因系统的不同，其方法也有所不同，这就需要根据具体情况具体分析，参考有关维修资料及个人工作经验予以解决。

记一记：

1.3.7 数控车床的日常保养

为了使数控车床保持良好的状态，除了发生故障及时修理外，坚持经常的维修保养也是非常重要的。坚持定期检查，经常维护保养，可以把许多故障隐患消除在萌芽之中，防止或减少事故的发生。不同型号的数控车床日常保养的内容和要求也不完全一样，对于具体机床应按说明书中的规定执行。以下列出几个带有普遍性的日常保养内容。

① 做好各导轨面的清洁润滑，有自动润滑系统的机床要定期检查，清洗自动润滑系统，检查油量，及时添加润滑油，检查油泵是否定期启动打油及停止。

② 每天检查主轴箱自动润滑系统工作是否正常，定期更换主轴箱润滑油。

③ 注意检查电器柜中冷却风扇工作是否正常，风道过滤网有无堵塞，清洗黏附的尘土。

④ 注意检查冷却系统，检查液面高度，及时添加油或水，油、水脏时，应及时更换清洗。

⑤ 注意检查主轴驱动带，调整松紧程度。

⑥ 注意检查导轨镶条松紧程度，调节间隙。

⑦ 注意检查机床液压系统油箱、油泵有无异常噪声，工作油面高度是否合适，压力表指示是否正常，管路及各接头有无泄漏。

⑧ 注意检查导轨机床防护罩是否齐全有效。

⑨ 注意检查各运动部件的机械精度，减少形状和位置偏差。每天下班前做好机床卫生清扫工作，清扫切屑，擦净导轨部位。

记一记：

1.3.8 FANUC系统数控车床系统操作设备

下面以FANUC 0i-TF系统数控车床系统来介绍数控机床的系统操作设备，主要由CRT/MDI（LCD/MDI）单元、MDI键盘和功能键等组成。

（1）MDI键盘布局及各键的功能

图1-7为FANUC 0i-TF系统的MDI键盘布局示意。

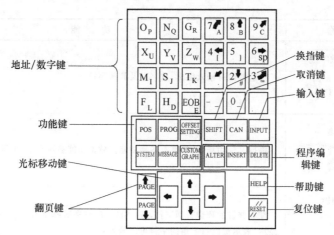

图 1-7 FANUC 0i-TF 系统的 MDI 键盘布局示意

根据其使用场合，软键有各种功能。软键功能显示在 CRT 屏幕的底部。

(2) CRT 单元

图 1-8 为 FANUC 0i-TF 系统的 CRT。

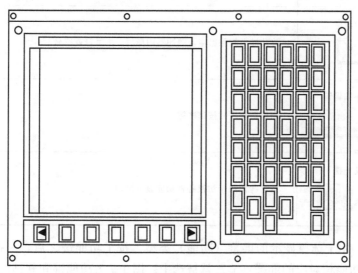

图 1-8 FANUC 0i-TF 系统的 CRT

(3) 功能键和软键的功能（见表 1-1）

表 1-1 操作面板功能键和软键的功能

序号	名称	功　能
1	复位键 RESET	按此键可使 CNC 复位，用以消除报警等
2	帮助键 HELP	此键用来显示如何操作机床，如 MDI 键的操作，可在 CNC 发生报警时提供报警的详细信息

项目 1 数控机床的认识与简单操作　13

续表

序号	名称	功能
3	地址/数字键 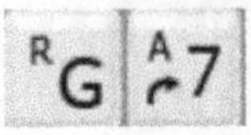	按这些键可输入字母、数字以及其他字符
4	软键 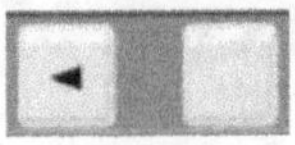	根据其使用场合,软键有各种功能。软键功能显示在 CRT 屏幕的底部
5	换挡键 	在有些键的顶部有两字符,按(SHIFT)键来选择字符。当一个特殊字符在屏幕上显示,表示键面右下角的字符可以输入
6	输入键 	当按了地址键或数字键后,数据被输入到缓冲器,并在 CRT 显示器显示出来。为了把键入到输入缓冲器中的数据拷回到寄存器,按 INPUT 键。这个键相当于软键的 INPUT 键
7	取消键 	按此键可删除已输入缓冲器的最后一个字符或符号
8	程序编辑键 	当编辑程序时按这些键
9	功能键 	按这些键用于切换各种功能显示画面

① 功能键 用于选择显示的屏幕（功能）类型。按了功能键之后,一按软键（节选择软键）,与已选功能相对应的屏幕（节）就被选中。图 1-9 为功能键和软键的画面。

功能键提供了选择要显示的画面类型,下述为功能键在 MDI 面板上的作用。

POS 键：按此键显示位置画面。

PROG 键：按此键显示程序画面。

SYSTEM 键：按此键显示系统画面。

MESSAGE 键：按此键显示用户宏画面（会话式宏画面）。

OFFSET SETTING 键：按此键显示刀偏/设定（SETTING）画面。

CUSTOM GRAPH 键：按此键显示图形模拟信息。

② 软键 为了显示更详细的画面,在按了功能键之后紧接着按软键,在实际操作中也很有用,按了各个功能键后软键显示如图 1-10 所示。

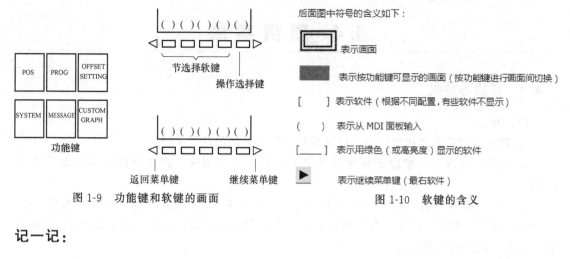

图 1-9 功能键和软键的画面

图 1-10 软键的含义

记一记：

1.3.9 FANUC 系统数控车床机床操作设备

下面以配置 FANUC 0i-TF 系统的数控车床为例来介绍数控车床的操作面板组成及其功用。图 1-11 为 FANUC 0i-TF 系统数控车床机床操作面板。

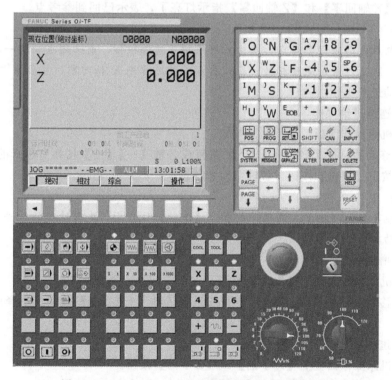

图 1-11 FANUC 0i-TF 系统数控车床机床操作面板

项目 1 数控机床的认识与简单操作

1.4 项目实施

1.4.1 开机与关机

(1) 开机

① 首先检查机床的初始状态，以及控制柜的前、后门是否关好。

② 机床电源开关一般位于机床的侧面或背面，在使用时，必须先将主电源开关置于【ON】挡。

③ 确定电源接通后，按下机床操作面板上的绿色【系统启动】按钮，系统自检后 CRT 上出现位置显示画面。注意：在出现位置画面和报警画面之前，不要接触 CRTMDI 操作面板上的键，以防引起意外。

(2) 关机

① 确认机床的运动全部停止，按下机床操作面板上的红色【系统关闭】按钮，CNC 系统电源被切断。

② 将主电源开关置于【OFF】挡，切断机床的电源。

1.4.2 手动操作方式

(1) 手动返回参考点

① 启动机床后，按下机床操作面板上【回零】按钮。

② 分别使各轴向参考点方向手动进给，先按+X【↓】按钮再按+Z【→】按钮，当机床面板上的【X轴回零】和【Z轴回零】指示灯亮了，表示已回到参考点。

小提示：

系统上电后，必须回参考点，发生意外而按下急停按钮，则必须重新回一次参考点；为了保证安全，防止刀架与尾座相撞，在回参考点时应首先 X 轴回零，然后再 Z 轴回零。

(2) 手动进给操作

① 手动连续进给操作

a. 按下机床操作面板上【手动】按钮。

b. 选择移动轴，按 X 轴【↓】【↑】按钮或 Z 轴【←】【→】按钮所选择的轴方向移动。

c. 同时按下【快移】按钮，各轴可快速移动。

小提示：

手动只能单轴运动把方式选择开关置为【手动】位置后，先前选择的轴并不移动，需要重新选择移动轴。

② 手动增量进给操作

a. 按下机床操作面板上【手动】按钮。

b. 选择移动轴，按 X 轴【↓】【↑】按钮或 Z 轴【←】【→】按钮所选择的轴方向进行增量移动。

③ 手轮进给操作

a. 按下机床操作面板上【X手摇】或【Z手摇】按钮。

b. 转动手摇脉冲发生器，实现手轮进给。

（3）主轴旋转的操作

① 按下机床操作面板上【手动】按钮。

② 按下【主轴正转】按钮或【主轴反转】按钮，可使机床主轴正反转；按下【主轴停止】按钮，可使机床主轴正反转暂停。

③ 按下【主轴点动】按钮，将使机床主轴旋转，松开后，主轴则停止旋转。

④ 在主轴旋转过程中，可以通过【主轴倍率修调】旋钮对主轴转速实现无级调速。【主轴倍率修调】挡位为50%～120%，在加工程序执行过程中，也可对程序中指定的转速进行调节。在开机后，主轴的旋转必须在【MD】方式下启动。

（4）选刀操作

① 按下机床操作面板上【手动】按钮。

② 按下【手动选刀】按钮，根据刀架上的刀位数字，可选择不同刀位号。

记一记：

1.4.3 MD 操作方式

① 按下机床操作面板上【MDI】按钮。

② 按下【PROG】按钮，进入【MDI】输入窗口。

③ 先按【EOB】键，再按【INSERT】确定。

④ 在数据输入行输入一个程序段，按【EOB】键，再按【INSERT】确定。

⑤ 按【循环启动】按钮，执行输入的程序段。

1.4.4 程序的编辑操作方式

按下机床操作面板上【编辑】按钮。在系统操作面板上，按【PROG】键，CT出现编程界面，系统处于程序编辑状态，按程序编制格式进行程序的输入和修改，然后将程序保存在系统中。也可以通过系统软键的操作，对程序进行程序选择、程序复制、程序改名、程序删除、通信、取消等操作。

（1）程序的输入

① 置于【编辑】方式下。

② 按【PROG】键，进入程序界面，如图1-12所示。

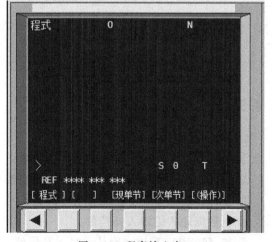

图1-12 程序输入窗口

③ 键入地址O及要存储的程序号（四位数字）。输入的程序名不可以与已有的程序名重复。

项目1 数控机床的认识与简单操作　17

④ 先按【EOB】键,再按【INSERT】键,可以存储程序号,然后在每个字的后面键入程序,按【EOB】键用【INSERT】存储。

(2) 程序的检索

① 置于【编辑】方式下。

② 按【PROG】键,键入地址和要检索的程序号。

③ 按【O 检索】键,检索结束时,在 CR 画面的右上方显示已检索的程序号。

(3) 程序的检查

① 置于【编辑】方式下。

② 按【PROG】键,键入地址。

③ 按【PAGE↑】与【PAGE↓】键,或者使用光标移动键来检查程序。

(4) 程序的修改

① 置于【编辑】方式下。

② 按【PROG】键,键入地址选择要编辑的程序。

③ 按【PAGE↑】与【PAGE↓】键,或者使用光标移动键来检查程序。

④ 光标移动到要变更的字,按【CAN】【ALTER】【SHIFT】键等进行操作。

(5) 程序的删除

① 置于【编辑】方式下。

② 按【PROG】键,键入地址"O××"选择要删除的程序。

③ 按【DELETE】键,"O××"NC 程序被删除。

④ 删除全部程序,输入"O-9999"。按【DELETE】键,全部程序删除。

(6) 后台编辑

① 置于【自动】方式下。

② 进入后台编辑功能界面,可进行程序的编辑。

记一记:

1.4.5 数据的显示与设定

(1) 偏置量设置

① 按【OFFSET/SETTING】主功能键。

② 按【补正】【SETTING】【坐标系】【操作】按钮,显示对应的所需要的页面。

③ 使光标移向需要变更的偏置号位置。

④ 由数据输入键输入补偿量。

⑤ 按【INPUT】键,确认并显示补偿值。

(2) 参数设置

① 按【SYSTEM】键和【PAGE】键与菜单扩展键显示设置参数画面(也可以通过软

键【参数】显示)。

② 将光标移至要设定参数的位置,键入设定的数值,按【INPUT】键。在设定数值前,必须将【OFFSET/SETTING】主功能下【SETTING】参数读写功能打开,置于1的挡位。

(3) 信息数据的显示

按【MESSAGE】键和菜单扩展【>】键显示报警画面、报警履历和外部信息等数据信息。

1.4.6 对刀操作

对刀就是在机床上设置刀具偏移值或设定工件坐标系的过程。

(1) 工件棒料与刀具的装夹找正

① 工件棒料的装夹。装夹工件棒料时应使三爪自定心卡盘夹紧工件棒料,并有一定的夹持长度,棒料的伸出长度应考虑到零件的加工长度及必要的限位安全距离等。棒料中心线尽可能与主轴中心线重合。如装夹外圆已经精车的工件,必须在工件外圆上包一层铜皮,以防止损伤外圆表面。

② 工件棒料的找正。找正装夹时必须将工件的加工表面回转轴线(同时也是工件坐标系 Z 轴)找正到与车床主轴回转中心重合。找正方法与普通车床上找正工件相同,一般为打表找正。通过调整卡爪,使工件坐标系 Z 轴与车床主轴的回转中心重合。

③ 刀具的装夹。刀具的装夹应注意以下几点。

a. 车刀不能伸出太长。

b. 刀尖应与主轴中心线等高。

c. 螺纹刀装夹时,应用螺纹样板进行装夹。

d. 切槽刀要装正,以保证两副偏角对称。

(2) 设置主轴旋转

① 按下机床操作面板上【MDI】按钮。

② 按下【PROG】按钮,进入【MDI】输入窗口。

③ 先按【EOB】键,再按【INSERT】确定。

④ 在数据输入行输入"M03S600",按【EOB】键,再按【INSERT】确定。

⑤ 按【循环启动】按钮,主轴正转。

(3) 选择刀具,确定刀位

略。

(4) 设置轴 X 方向的刀具偏移值

① 启动主轴正转,按下机床操作面板上【手动】按钮,移动刀架使其靠近工件。

② 切换【Z 手摇】按钮,沿着 Z 轴的负方向进给,试切工件的外圆,保证量具能测量外圆直径表面即可,车削不宜过长,如图 1-13 所示。

③ 车削后,沿着 Z 轴的正方向退刀,不能移动 X 轴。

④ 按【主轴停止】按钮,测量已车削外圆的直径 d,将它记录下来。

⑤ 按【OFFSET/SETTING】主功能键进入参数设定页面;先按【补正】对应的软键,再按下【形状】对应的软键,出现刀具补正界面,如图 1-14 所示。

⑥ 将光标移至要补偿的番号,G00→T01、G002→T02、G003→T03,G004→T04,以此类推;输入测量的外圆直径:"X(d)",按【测量】对应的软键,X 向的刀具偏移值自动存入,即完成轴 X 方向的对刀。

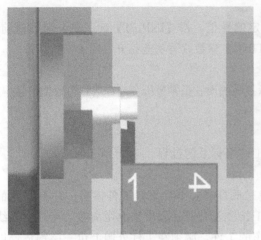

图 1-13 试切对刀外圆

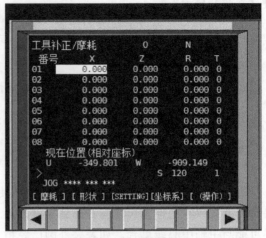

图 1-14 刀具补正窗口

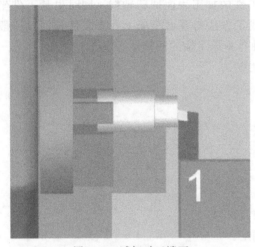

图 1-15 试切对刀端面

（5）设置轴 Z 方向的刀具偏移值

① 启动主轴正转，按下机床操作面板上【手动】按钮，移动刀架使其靠近工件。

② 切换【X 手摇】按钮，沿着 X 轴的负方向进给，试切工件的端面，如图 1-15 所示。

③ 车削后，沿着 X 轴的正方向退刀，不能移动 Z 轴。

④ 按【主轴停止】按钮，按【OFFSET/SETTING】主功能键，进入参数设定页面；先按【补正】对应的软键，再按下【形状】对应的软键，出现刀具补正界面，如图 1-14 所示。

⑤ 将光标移至要补偿的番号，输入"Z0"，按【测量】对应的软键，Z 向的刀具偏移值自动存入，即完成轴 Z 方向的对刀。

（6）设置刀尖圆弧半径补偿参数

刀尖圆弧半径值与刀尖位置号同样在图 1-14 所示的界面中进行设定。

将光标移至与刀具号相对应的刀具半径参数，输入刀具半径将光标移至与刀具号相对应的刀尖位置参数 T，输入刀尖位置号，按【INPUT】键。

记一记：

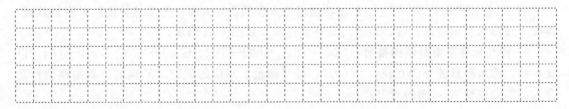

1.4.7 对刀正确性校验

对完各刀具后，各刀具刀位点是否正确，可通过"MDI"方式进行校验。按下机床操作面板上【MDI】按钮。

① 选择加工程序，按下机床操作面板上【自动】按钮。
② 按下【PROG】按钮，进入【MDI】输入窗口。
③ 输入"M03 S500 T0101 G00 X0 Z0"；按【INSERT】键确认。
④ 按【循环启动】按钮执行，即可检查刀具的当前位置是否正确。

1.4.8 自动加工操作

(1) 加工程序测试
① 选择加工程序，按下机床操作面板上【自动】按钮。
② 按下【PROG】按钮，按下【检视】对应的按钮，使界面显示正在执行的程序及坐标。
③ 按下【机床锁住】和【空运行】按钮，机床停止移动，但位置坐标的显示和机床移动时一样。此外，M、S、T 功能也可以执行，此开关用于程序的检测。
④ 按【循环启动】按钮，程序自动运行。

(2) 加工程序图形模拟
该功能主要用于查看刀具的加工路径，验证走刀路线的合理性。其操作步骤如下。
① 按主功能键。
② 按【图形】软键，使画面显示图形界面。
③ 按操作面板上的【循环启动】按钮，观察加工图形。

(3) 单段功能
若按下【单段】按钮，则执行一个程序段后，机床停止。
① 使用指令 G28、G29、G30 时，即使在中间点，也能使单程序段停止。
② 固定循环的单程序段停止时，【进给保持】指示灯亮。
③ M98、M99 的程序段不能单程序段停止。但是，M98、M99 的程序中有 O、N、P 以外的地址时，可以单程序段停止。

(4) 进给速度（倍率）
用进给速度（倍率）开关选择程序指定的进给速度百分数，以改变进给速度（倍率），按照刻度可实现 0%~120% 的倍率调整。

(5) 自动加工
① 自动运行前必须正确安装工件及相应刀具，编辑好程序并进行对刀操作。
② 按下机床操作面板上【自动】按钮。
③ 按下【PROG】按钮，按下【检视】按钮，使界面显示正在执行的程序及坐标。
④ 按【循环启动】按钮，机床开始自动运行，循环启动指示灯亮。
⑤ 开始自动运转后，按以下过程执行程序。
a. 从被指定的程序中，读取一个程序段的指令。
b. 解释已读取的程序段指令。
c. 开始执行指令。

d. 读取下一个程序段的指令。

e. 读取下一个程序段的指令,变为立刻执行的状态。此过程也称为缓冲。

f. 前一程序段执行结束,因被缓冲了,所以要立刻执行下一个程序段。

g. 重复执行④直到自动执行结束。

⑥ 使自动运转停止的方法有两种:预先在程序中想要停止的地方输入停止指令;按操作面板上的按钮使其停止。

a. 程序停止(M0)。执行 M0 指令之后,自动运转停止。与单程序段停止相同,到此为止的模态信息全部被保存,按【循环启动】键,可使其重新开始自动运转。

b. 任选停止(M01)。与 M0 相同,执行含有 M1 指令的程序段之后,自动运转停止,但仅限于机床操作面板上的【选择停】开关接通时的状态。

c. 程序结束(M02、M30)。自动运转停止,呈复位状态。

d. 进给保持。在程序运转中,按机床操作面板上的【进给保持】按钮,可使自动运转暂时停止。

e. 复位。由 CRT/MDI 的复位按钮,外部复位信号可使自动运转停止,呈复位状态。若在移动中复位,机床减速后将停止。

1.4.9 车床的急停操作

机床在手动或自动运行中,一旦发现异常情况,应立即停止机床的运动。使用【急停】旋钮或【进给保持】按钮均可使机床停止。

(1) 使用【急停】按钮

如果在机床运行时按下【急停】按钮,机床进给运动和主轴运动会立即停止工作,一般在发生紧急情况时使用。待排除故障,若要重新执行程序恢复机床的工作,需顺时针旋转该按钮,按下机床复位按钮复位后,进行手动返回机床参考点的操作。

(2) 使用【进给保持】按钮

如果在机床运行时按下【进给保持】按钮,则机床处于保持状态。待急停解除之后,按下【循环启动】按钮恢复机床运行状态,无需进行返回参考点的操作。

1.4.10 位置显示

按下【POS】按钮到位置显示页面,位置显示有三种方式,如图 1-16 所示。

① 绝对坐标系:显示刀位点在当前零件坐标系中的位置。

② 相对坐标系:显示操作者预先设定为零的相对位置。

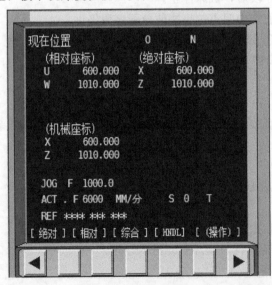

图 1-16 位置显示窗口

③ 综合显示:同时显示当时刀位点在坐标系中的位置。

1.5 任务评价

数控车床认知评分标准见表1-2。

表1-2 数控车床认知评分标准

姓名				得分	
项目	序号	检查内容	配分	点评	得分
知识掌握(30分)	1	基本知识(习题)	30		
机床认知(60分)	2	面板的组成及功用	10		
	3	程序的编辑操作步骤	15		
	4	对刀方法	10		
	5	自动加工步骤	10		
	6	手动操作方式	15		
团队协作(10分)	7	解决问题 团结互助	10		
教师点评			得分合计		

1.6 职业技能鉴定指导

1.6.1 知识技能复习要点

① 数控车床操作面板的使用方法。
② 数控车床的分类及其应用。

1.6.2 理论复习题

(1) 选择题
① 数控车床是装有（　　）系统的车床。
A. 数字　　　　　B. 数码　　　　　C. 控制　　　　　D. 数控
② 车床主运动的单位为（　　）。
A. mm/r　　　　B. m/r　　　　　C. mm/min　　　　D. r/min
③ 数控车床通常是由（　　）等几大部分组成的。
A. 电机、床头箱、溜板箱、尾架、床身
B. 机床主机、床头箱、溜板箱、尾架、床身
C. 机床主机、控制系统、驱动系统、辅助装置
D. 机床主机、控制系统、尾架、床身、主轴箱
④ 人们习惯称的"黄油"是指（　　）。
A. 钠基润滑脂　　　　　　　　B. 铝基润滑脂
C. 钙基润滑脂　　　　　　　　D. 烃基润滑脂
⑤ 确定数控机床坐标系时首先要先确定的是（　　）。

A. X 轴　　　　　B. Y 轴　　　　　C. Z 轴　　　　　D. 回转运动的轴

(2) 判断题

① 数控车床机床坐标系和工件坐标系是重合的。　　　　　　　　　　　　　(　　)
② 数控车床通过回参考点可建立工件坐标系。　　　　　　　　　　　　　　(　　)
③ 数控车床机床坐标系规定与车床主轴平行的方向为 Z 轴。　　　　　　　　(　　)
④ 编制数控加工程序时一般以机床坐标系作为编程的坐标系。　　　　　　　(　　)
⑤ 前置刀架的数控车床与后置刀架的数控车床坐标系是不一样的。　　　　　(　　)

项目2　常用测量工具的使用

2.1　项目导入

16世纪，在火炮制造中已开始使用光滑量规。19世纪中叶以后，先后出现了类似于现代机械式外径千分尺和游标卡尺的测量工具。19世纪末，出现了成套量块。继机械测量工具出现的是一批光学测量工具。20世纪初，出现测长机；到20世纪20年代，已经在机械制造中应用投影仪、工具显微镜、光学测微仪等进行测量。1928年出现气动量仪，它是一种适合在大批量生产中使用的测量工具。电学测量工具是在20世纪30年代出现的。最初出现的是利用电感式长度传感器制成的界限量规和轮廓仪。20世纪50年代后期出现了以数字显示测量结果的坐标测量机。20世纪60年代中期，在机械制造中已应用带有电子计算机辅助测量的坐标测量机。至20世纪70年代初，又出现计算机数字控制的齿轮量仪，至此，测量工具进入应用电子计算机的阶段。

2.2　项目分析

项目主要是对机械加工中常见的游标卡尺、千分尺进行介绍，学习时先通过观看多媒体课件了解游标卡尺及千分尺的结构和测量精度，通过实物的测量掌握测量工具的使用方法等内容。

2.3　知识准备

2.3.1　游标卡尺的使用

游标卡尺是一种常用的量具，具有结构简单、使用方便、精度中等和测量的尺寸范围大等特点，可以用它来测量零件的外径、内径、长度、宽度、厚度深度和孔距等，应用范围很广。

（1）游标卡尺的三种结构形式

① 测量范围为0～125mm的游标卡尺，制成带有刀口形的上下量爪和带有深度尺的形式，如图2-1所示。

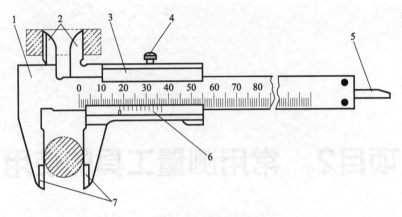

图 2-1 游标卡尺的结构形式（一）
1—尺身；2—上量爪；3—尺框；4—紧固螺钉；5—深度尺；6—游标；7—下量爪

② 测量范围为 0~200mm 和 0~300mm 的游标卡尺，可制成带有内外测量面的下量爪和带有刀口形的上量爪的形式，如图 2-2 所示。

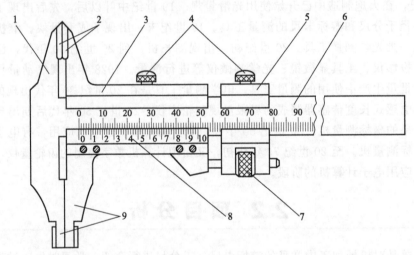

图 2-2 游标卡尺的结构形式（二）
1—尺身；2—上量爪；3—尺框；4—紧固螺钉；5—微动装置；
6—主尺；7—微动螺母；8—游标；9—下量爪

③ 测量范围为 0~200mm 和 0~300mm 的游标卡尺，也可制成只带有内外测量面的下量爪的形式，而测量范围大于 300mm 的游标卡尺，制成仅带有下量爪的形式，如图 2-3 所示。

(2) 游标卡尺的主要组成部分

① 具有固定量爪的尺身。尺身上有类似钢尺一样的主尺刻度，主尺上的刻线间距为 1mm。主尺的长度决定于游标卡尺的测量范围。

② 具有活动量爪的尺框。尺框上有游标，游标卡尺的游标读数值可制成 0.1mm、0.05mm 和 0.02mm 的三种。

③ 在 0~125mm 的游标卡尺上，还带有测量深度的深度尺。深度尺固定在尺框的背面，能随着尺框在尺身的导向凹槽中移动。测量深度时，应把尺身尾部的端面靠近在零件的测量

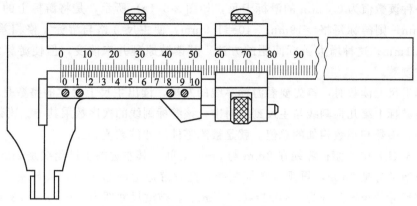

图 2-3 游标卡尺的结构形式（三）

基准平面上。

④ 测量范围等于和大于 200mm 的游标卡尺，带有随尺框作微动调整的微动装置。使用时，先用固定螺钉 4 把微动装置 5 固定在尺身上，再转动微动螺母 7，活动量爪就能随同尺框 3 作微量的前进或后退。微动装置的作用，是使游标卡尺在测量时用力均匀，便于调整测量压力，减少测量误差。

（3）游标卡尺的读数原理和读数方法

① 游标读数值为 0.1mm 的游标卡尺　如图 2-4（a）所示，主尺刻线间距（每格）为 1mm，当游标零线与主尺零线对准（两爪合并）时，游标上的第 10 刻线正好指向等于主尺上的 9mm，而游标上的其他刻线都不会与主尺上任何一条刻线对准。游标每格间距＝9mm÷10＝0.9mm，主尺每格间距与游标每格间距相差＝1mm－0.9mm＝0.1mm，0.1mm 即为此游标卡尺上游标所读出的最小数值，再也不能读出比 0.1mm 小的数值。

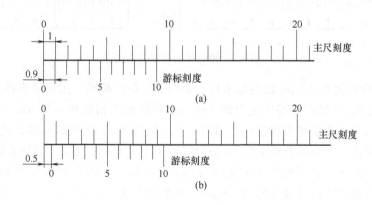

图 2-4 游标卡尺的读数原理

当游标向右移动 0.1mm 时，则游标零线后的第 1 根刻线与主尺刻线对准。当游标向右移动 0.2mm 时，则游标零线后的第 2 根刻线与主尺刻线对准，依次类推。若游标向右移动 0.5mm，如图 2-4（b）所示，则游标上的第 5 根刻线与主尺刻线对准。由此可知，游标向右移动不足 1mm 的距离，虽不能直接从主尺读出，但可以由游标的某一根刻线与主尺刻线对准时，该游标刻线的次序数乘其读数值而读出其小数值。例如，图 2-4（b）的尺寸即为：5×0.1＝0.5（mm）。

另有一种读数值为 0.1mm 的游标卡尺，如图 2-5（a）所示，是将游标上的 10 格对准主尺的 19mm，则游标每格＝19mm÷10＝1.9mm，使主尺 2 格与游标 1 格相差＝2mm－1.9mm＝0.1mm。这种增大游标间距的方法，其读数原理并未改变，但使游标线条清晰，更容易看准读数。

在游标卡尺上读数时，首先要看游标零线的左边，读出主尺上尺寸的整数是多少毫米，其次是找出游标上第几根刻线与主尺刻线对准，该游标刻线的次序数乘其游标读数值，读出尺寸的小数，整数和小数相加的总值，就是被测零件尺寸的数值。

在图 2-5（b）中，游标零线在 2mm 与 3mm 之间，其左边的主尺刻线是 2mm，所以被测尺寸的整数部分是 2mm，再观察游标刻线，这时游标上的第 3 根刻线与主尺刻线对准。所以，被测尺寸的小数部分为 3×0.1＝0.3（mm），被测尺寸即为 2＋0.3＝2.3（mm）。

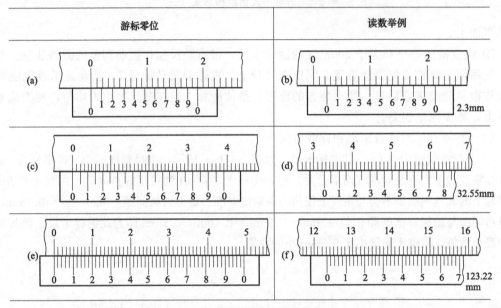

图 2-5　游标零位和读数举例

② 游标读数值为 0.05mm 的游标卡尺　如图 2-5（c）所示，主尺每小格 1mm，当两爪合并时，游标上的 20 格刚好等于主尺的 39mm，则游标每格间距＝39mm÷20＝1.95mm，主尺 2 格间距与游标 1 格间距相差＝2－1.95＝0.05（mm），0.05mm 即为此种游标卡尺的最小读数值。同理，也有用游标上的 20 格刚好等于主尺上的 19mm，其读数原理不变。

在图 2-5（d）中，游标零线在 32mm 与 33mm 之间，游标上的第 11 格刻线与主尺刻线对准。所以，被测尺寸的整数部分为 32mm，小数部分为 11×0.05＝0.55（mm），被测尺寸为 32＋0.55＝32.55（mm）。

③ 游标读数值为 0.02mm 的游标卡尺　如图 2-5（e）所示，主尺每小格 1mm，当两爪合并时，游标上的 50 格刚好等于主尺上的 49mm，则游标每格间距＝49mm÷50＝0.98mm，主尺每格间距与游标每格间距相差＝1－0.98＝0.02（mm），0.02mm 即为此种游标卡尺的最小读数值。

在图 2-5（f）中，游标零线在 123mm 与 124mm 之间，游标上的 11 格刻线与主尺刻线对准。所以，被测尺寸的整数部分为 123mm，小数部分为 11×0.02＝0.22（mm），被测尺寸为 123＋0.22＝123.22（mm）。希望直接从游标尺上读出尺寸的小数部分，而不要通过上述的换算,为此,把游标的刻线次序数乘其读数值所得的数值,标记在游标上,见图 2-5,这样使读数就方便了。

(4) 游标卡尺的测量精度

测量或检验零件尺寸时,要按照零件尺寸的精度要求,选用相适应的量具。游标卡尺是一种中等精度的量具,它只适用于中等精度尺寸的测量和检验。游标卡尺的示值误差见表 2-1。

表 2-1 游标卡尺的示值误差   mm

游标读数值	示值总误差
0.02	±0.02
0.05	±0.05
0.10	±0.10

游标卡尺的示值误差,就是游标卡尺本身的制造精度造成的误差,即使正确使用,卡尺本身还是会产生误差。例如,用游标读数值为 0.02mm 的 0~125mm 的游标卡尺(示值误差为±0.02mm),测量 50mm 的轴时,若游标卡尺上的读数为 50.00mm,实际直径可能是 50.02mm,也可能是 49.98mm 这不是游标尺的使用方法上有什么问题,而是它本身制造精度所允许产生的误差。因此若该轴的直径尺寸是 IT5 级精度的基准轴(50~82),则轴的制造公差为 0.025mm,而游标卡尺本身就有着±0.02mm 的示值误差,选用这样的量具去测量,显然是无法保证轴径的精度要求的。如果受条件限制(如受测量位置限制),其他精密量具用不上,必须用游标卡尺测量较精密的零件尺寸时,又该怎么办呢?此时,可以用游标卡尺先测量与被测尺寸相当的块规,消除游标卡尺的示值误差(称为用块规校对游标卡尺)。例如,要测量上述 50mm 的轴时,先测量 50mm 的块规,看游标卡尺上的读数是不是正好为 50mm。如果不正好是 50mm,则比 50mm 大的或小的数值,就是游标卡尺的实际示值误差,测量零件时,应把此误差作为修正值考虑进去。另外,游标卡尺测量时的松紧程度(即测量压力的大小)和读数误差(即看准是哪一根刻线对准),对测量精度影响也很大。所以,当必须用游标卡尺测量精度要求较高的尺寸时,最好采用和测量相等尺寸的块规相比较的办法。量具使用得是否合理,不但影响量具本身的精度,且直接影响零件尺寸的测量精度,甚至发生质量误差,造成不必要的损失。所以,必须重视量具的正确使用,对测量技术精益求精,务使获得正确的测量结果,确保产品质量。

使用游标卡尺测量零件尺寸时,必须注意下列几点。

① 测量前应把卡尺揩干净,检查卡尺的两个测量面和测量刃口是否平直无损,把两个量爪紧密贴合时,应无明显的间隙,同时游标和主尺的零位刻线要相互对准。这个过程称为校对游标卡尺的零位。

② 移动尺框时,活动要自如,不应有过松或过紧,更不能有晃动现象。用固定螺钉固定尺框时,卡尺的读数不应有所改变。在移动尺框时,不要忘记松开固定螺钉,也不宜过松以免掉下。

③ 当测量零件的外尺寸时,卡尺两测量面的连线应垂直于被测量表面,不能歪斜。测量时,可以轻轻摇动卡尺,放正垂直位置测量。

④ 用游标卡尺测量零件时,不允许过分地施加压力,所用压力应使两个量爪刚好接触零件表面。如果测量压力过大,不但会使量爪弯曲或磨损,且量爪在压力作用下产生弹性变

形,使测量得到的尺寸不准确,使人的视线尽可能和卡尺的刻线表面垂直,以免由于视线的歪斜造成读数误差。

⑤ 为了获得正确的测量结果,可以多测量几次。即在零件的同一截面上的不同方向进行测量。对于较长零件,则应当在全长的各个部位进行测量,务使获得一个比较正确的测量结果。

记一记:

2.3.2 千分尺的使用

各种千分尺的结构大同小异,常用外径千分尺用于测量或检验零件的外径、凸肩厚度以及板厚或壁厚等(测量孔壁厚度的千分尺,其量面呈球弧形)。千分尺由尺架、测微头、测力装置和制动器等组成。图 2-6 是测量范围为 0~25mm 的外径千分尺。尺架 1 的一端装着固定测砧 2,另一端装着测微头。固定测砧和测微螺杆的测量面上都镶有硬质合金,以提高测量面的使用寿命。尺架的两侧面覆盖着绝热板 12,使用千分尺时,手拿在绝热板上,防止人体的热量影响千分尺的测量精度。

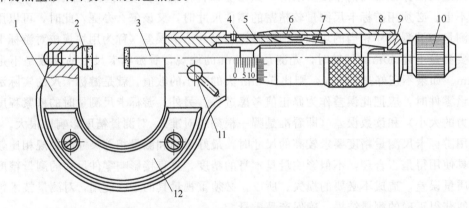

图 2-6　0~25mm 外径千分尺

1—尺架；2—固定测砧；3—测微螺杆；4—螺纹轴套；5—固定刻度套筒；6—活动微分筒；
7—调节螺母；8—接头；9—垫片；10—测力装置；11—锁紧螺钉；12—绝热板

2.3.2.1 千分尺的测微头

如图 2-6 中的 3~9 是千分尺的测微头部分。带有刻度的固定刻度套筒 5 用螺钉固定在螺纹轴套 4 上,而螺纹轴套又与尺架紧配结合成一体。在固定刻定套筒 5 的外面有一带刻度的活动微分筒 6,它用锥孔通过接头 8 的外圆锥面再与测微螺杆 3 相连。测微螺杆 3 的一端是测量杆,并与螺纹轴套上的内孔定心间隙配合；中间是精度很高的外螺纹,与螺纹轴套 4 上的内螺纹精密配合,可使测微螺杆自如旋转而其间隙极小；测微螺杆另一端的外圆锥与内圆锥接头 8 的内圆锥相配,并通过顶端的内螺纹与测力装置 10 连接。当测力装置的外螺纹旋紧在测微螺杆的内螺纹上时,测力装置就通过垫片 9 紧压接头 8,而接头 8 上开有轴向槽，一定的胀缩弹性，能沿着测微螺杆3上的外圆锥胀大，从而使活动微分筒6与测微螺杆和测力装置结合成一体。当用手旋转测力装置10时，就带动测微螺杆3和活动微分筒6一起旋转，并沿着精密螺纹的螺旋线方向运动，使千分尺两个测量面之间的距离发生变化。

2.3.2.2 千分尺的测力装置

千分尺测力装置的结构如图2-7所示，主要依靠一对棘轮3和4的作用。棘轮4与转帽5连接成一体，而棘轮3可压缩弹簧2在轮轴1的轴线方向移动，但不能转动。弹簧2的弹力是控制测量压力的，螺钉6使弹簧压缩到千分尺所规定的测量压力。当手握转帽5顺时针旋转测力装置时，若测量压力小于弹簧2的弹力，转帽的运动就通过棘轮传给轮轴1（带动测微螺杆旋转），使千分尺两测量面之间的距离继续缩短，即继续卡紧零件；当测量压力达到或略微超过弹簧的弹力时，棘轮3与4在其啮合斜面的作用下，压缩弹簧2，使棘轮4沿着棘轮3的啮合斜面滑动，转帽的转动就不能带动测微螺杆旋转，同时发出嘎嘎的棘轮跳动声，表示

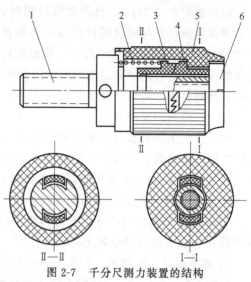

图2-7 千分尺测力装置的结构
1—轮轴；2—弹簧；3,4—棘轮；5—转帽；6—螺钉

已达到了额定测量压力，从而达到控制测量压力的目的。当转帽逆时针旋转时，棘轮4是用垂直面带动棘轮3，不会产生压缩弹簧的压力，始终能带动测微螺杆退出被测零件。

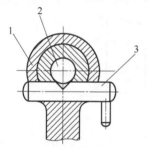

图2-8 测微螺杆的锁紧装置
1—测微螺杆；2—轴套；3—制动轴

2.3.2.3 千分尺的制动器

千分尺的制动器，就是测微螺杆的锁紧装置，其结构如图2-8所示。制动轴3的圆周上，有一个开着深浅不均的偏心缺口，对着测微螺杆1。当制动轴以缺口的较深部分对着测微螺杆时，测微螺杆1就能在轴套2内自由活动，制动轴转过一个角度，以缺口的较浅部分对着测微螺杆时，测微螺杆就被制动轴压紧在轴套内不能运动，达到制动的目的。

2.3.2.4 千分尺的测量范围

千分尺测微螺杆的移动量为25mm，所以千分尺的测量范围一般为25mm。为了使千分尺能测量更大范围的长度尺寸，以满足工业生产的需要，千分尺的尺架做成各种尺寸，形成不同测量范围的千分尺。测量上限大于300mm的千分尺，也可把固定测砧做成可调式的或可换测砧，从而使此千分尺的测量范围为100mm。测量上限大于1000mm的千分尺，也可将测量范围制成500mm，目前国产最大的千分尺测量范围为2500～3000mm。

2.3.2.5 千分尺的工作原理和读数方法

（1）千分尺的工作原理

外径千分尺的工作原理是应用螺旋读数机构，它包括一对精密的螺纹-测微螺杆与螺纹轴套（如图2-7中的3和4），和一对读数套筒-固定刻度套筒与微分筒。用千分尺测量零件的尺寸，就是把被测零件置于千分尺的两个测量面之间。所以，两测砧面之间的距离就是零件的测量尺寸。当测微螺杆在螺纹轴套中旋转时，由于螺旋线的作用，测量螺杆有轴向移

动，使两测砧面之间的距离发生变化。如测微螺杆按顺时针的方向旋转一周两测砧面之间的距离就缩小一个螺距。同理，若按逆时针方向旋转一周，则两砧面的距离就增大一个螺距。常用千分尺测微螺杆的螺距为 0.5mm，因此，当测微螺杆顺时针旋转一周时，两测砧面之间的距离就缩小 0.5mm。当测微螺杆顺时针旋转不到一周时，缩小的距离小于一个螺距，它的具体数值可从与测微螺杆结成一体的微分筒的圆周刻度上读出。微分筒的圆周上刻有 50 个等分线，当微分筒转一周时，测微螺杆就推进或后退 0.5mm，微分筒转过它本身圆周刻度的一小格时，两测砧面之间转动的距离为 0.5÷50＝0.01（mm）。由此可知，千分尺上的螺旋读数机构，可以正确地读出 0.01mm，也就是千分尺的读数值为 0.01mm。

（2）千分尺的读数方法

在千分尺的固定套筒上刻有轴向中线，作为微分筒读数的基准线。另外，为了计算测微螺杆旋转的整数转，在固定套筒中线的两侧，刻有两排刻线，刻线间距均为 1mm，上下两排相互错开 0.5mm。千分尺的具体读数方法可分为三步。

① 读出固定套筒上露出的刻线尺寸，一定要注意不能遗漏应读出的 0.5mm 的刻线值。

② 读出微分筒上的尺寸，要看清微分筒圆周上哪一格与固定套筒的中线基准对齐，将格数乘 0.01mm 即得微分筒上的尺寸。

③ 将上面两个数相加，即为千分尺上测得尺寸。

如图 2-9（a）所示，在固定套筒上读出的尺寸为 8m，微分筒上读出的尺寸为 27（格）×0.01mm＝0.27mm，上两数相加即得被测零件的尺寸 8.27mm；如图 2-9（b）所示，在固定套筒上读出的尺寸为 8.5mm，在微分筒上读出的尺寸为 27（格）×0.01mm＝0.27mm，上两数相加即得被测零件的尺寸为 8.77mm。

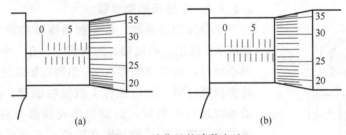

图 2-9 千分尺的读数方法

2.3.2.6 千分尺的精度及其调整

千分尺是一种应用很广的精密量具，按它的制造精度，可分 0 级和 1 级两种，0 级精度较高，1 级次之。千分尺的制造精度，主要由它的示值误差和测砧面的平面平行度公差的大小来决定，小尺寸千分尺的精度要求见表 2-2。从千分尺的精度要求可知，用千分尺测量 IT6～IT10 级精度的零件尺寸较为合适。

表 2-2 千分尺精度   mm

测量上限	示值误差		两测量面平行度	
	0 级	1 级	0 级	1 级
15；25	±0.002	±0.004	0.001	0.002
50	±0.002	±0.004	0.0012	0.0025
75；100	±0.002	±0.004	0.0015	0.003

千分尺在使用过程中，由于磨损，特别是使用不妥当时，会使其示值误差超差，所以应定期进行检查，进行必要的拆洗或调整，以便保持千分尺的测量精度。

（1）校正千分尺的零位

千分尺如果使用不妥，零位就要走动，使测量结果不正确，容易造成产品质量事故。所以，在使用千分尺的过程中，应当校对千分尺的零位。所谓"校对千分尺的零位"，就是把千分尺的两个测砧面揩干净，转动测微螺杆使它们贴合在一起（这是对0～25mm的千分尺而言，若测量范围大于0～25mm时，应该在两测砧面间放上校对样棒），检查微分筒圆周上的"0"刻线是否对准固定套筒的中线，微分筒的端面是否正好使固定套筒上的"0"刻线露出来。如果两者位置都是正确的，就认为千分尺的零位是对的，否则就要进行校正，使之对准零位。如果零位是由于微分筒的轴向位置不对，如微分筒的端部盖住固定套筒上的"0"刻线，或"0"刻线露出太多，0.5的刻线搞错，必须进行校正。此时，可用制动器把测微螺杆锁住，再用千分尺的专用扳手，插入测力装置轮轴的小孔内，把测力装置松开（逆时针旋转），微分筒就能进行调整，即轴向移动一点，使固定套筒上的"0"线正好露出来，同时使微分筒的零线对准固定套筒的中线，然后把测力装置旋紧。如果零位是由于微分筒的零线没有对准固定套筒的中线，也必须进行校正。此时，可用千分尺的专用扳手，插入固定套筒的小孔内，把固定套筒转过一点，使之对准零线。但当微分筒的零线相差较大时，不应当采用此法调整，而应该采用松开测力装置转动微分筒的方法来校正。

（2）调整千分尺的间隙

千分尺在使用过程中，由于磨损等原因，会使精密螺纹的配合间隙增大，从而使示值误差超差，必须及时进行调整，以便保持千分尺的精度。要调整精密螺纹的配合间隙，应先用制动器把测微螺杆锁住，再用专用扳手把测力装置松开，拉出微分筒后再进行调整。在螺纹轴套上，接近精密螺纹一段的壁厚比较薄，且连同螺纹部分一起开有轴向直槽，使螺纹部分具有一定的胀缩弹性。同时，螺纹轴套的圆锥外螺纹上，旋着调节螺母。当调节螺母往里旋入时，因螺母直径保持不变，就迫使外圆锥螺纹的直径缩小，于是精密螺纹的配合间隙减小。然后，松开制动器进行试转，看螺纹间隙是否合适。间隙过小会使测微螺杆活动不灵活，可把调节螺母松出一点，间隙过大则使测微螺杆有松动，可把调节螺母再旋进一点。直至间隙调整好后，再把微分筒装上，对准零位后把测力装置旋紧。经过上述调整的千分尺，除必须校对零位外，还应当用量块检定，检验千分尺的五个尺寸的测量精度，确定千分尺的精度等级后，才能移交使用。例如，用5.12、10.24、15.36、215、25等五个块规尺寸鉴定0～25mm的千分尺，它的示值误差应符合表2-2的要求，否则应继续修理千分尺。

千分尺使用得是否正确，对保持精密量具的精度和保证产品质量的影响很大，指导人员和实习学生，必须重视量具的正确使用，使测量技术精益求精，务使获得正确的测量结果，确保产品质量。使用千分尺测量零件尺寸时，必须注意下列几点。

① 使用前，应把千分尺的两个测砧面揩干净，转动测力装置，使两侧砧面接触（若测量上限大于25mm时，在两测砧面之间放入校对量杆或相应尺寸的量块），接触面上应没有间隙和漏光现象，同时微分筒和固定套要对准零位。

② 转动测力装置时，微分筒应能自由灵活地沿着固定套筒活动没有任何轧卡和不灵活的现象。千分筒和固定套筒要对准零位。有活动不灵活的现象，应送计量站及时检修。

③ 测量前，应把零件的被测量表面揩干净，以免有脏物存在而影响测量精度。绝对不允许用千分尺测量带有研磨剂的表面，以免损伤测量面的精度。用千分尺测量表面粗糙的零

件也是错误的,这样易使测砧面过早磨损。

④ 用千分尺测量零件时,应当手握测力装置的转帽来转动测微螺杆,使测砧表面保持标准的测量压力,即听到嘎嘎的声音,表示压力合适,并可开始读数。要避免因测量压力不等而产生测量误差。

绝对不允许用力旋转微分来增加测量压力,使测微螺杆过分压紧零件表面,致使精密螺纹因受力过大而发生变形,损坏千分尺的精度。有时用力旋转微分筒后,虽因微分筒与测微螺杆间的连接不牢固,对精密螺纹的损坏不严重,但是微分筒打滑后,千分尺的零位走动了,就会造成质量事故。

⑤ 使用千分尺测量零件时,要使测微螺杆与零件被测量的尺寸方向一致。如测外径时,测微螺杆要与零件的轴线垂直,不要歪斜。测量时,可在旋转测力装置的同时,轻轻地晃动尺架,使测砧面与零件表面接触良好。

⑥ 用千分尺测量零件时,最好在零件上进行读数,放松后取出千分尺,这样可减少测砧面的磨损,如果必须取下读数时,应用制动器锁紧测微螺杆后,再轻轻滑出零件。把千分尺当卡规使用是错误的,因这样做不但易使测量面过早磨损,甚至会使测微螺杆或尺架发生变形而失去精度。

在读取千分尺上的测量数值时,要特别留心不要读错 0.5mm。

为了获得正确的测量结果,可在同一位置上再测量一次。尤其是测量圆柱形零件时,应在同一圆周的不同方向测量几次,检查零件外圆有没有圆度误差,再在全长的各个部位测量几次,检查零件外圆有没有圆柱度误差等。

2.3.2.7 内径千分尺

内径千分尺如图 2-10 所示,其读数方法与外径千分尺相同。内径千分尺主要用于测量大孔径,为适应不同孔径尺寸的测量,可以接上接长杆(见图 2-10)。连接时,只须将保护螺母 5 旋去,将接长杆的右端(具有内螺纹)旋在千分尺的左端即可。接长杆可以一个接一个地连接起来,测量范围最大可达到 5000mm。内径千分尺与接长杆是成套供应的。

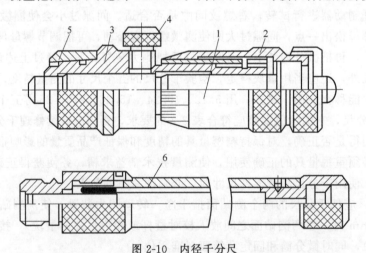

图 2-10 内径千分尺

1—测微螺杆;2—微分筒;3—固定套筒;4—制动螺钉;5—保护螺母

内径千分尺上没有测力装置,测量压力的大小完全靠手中的感觉。测量时,把它调整到所测量的尺寸后,轻轻放入孔内试测其接触的松紧程度是否合适。一端不动,另一端做左、右、前、后摆动，左右摆动必须细心地放在被测孔的直径方向，以点接触，即测量孔径的最大尺寸处（即最大读数处）；前后摆动应在测量孔径的最小尺寸处（即最小读数处）。按照这两个要求与孔壁轻轻接触，才能读出直径的正确数值。测量时，用力把内径千分尺压过孔径是错误的。这样做不但使测量面过早磨损，且由于细长的测量杆弯曲变形后，既损伤量具精度，又使测量结果不准确。内径千分尺的示值误差比较大，如测 0～600mm 的内径千分尺，示值误差就有±(0.01～0.02)mm。因此，在测量精度较高的内径时，应把内径千分尺调整到测量尺寸后，放在由量块组成的相等尺寸上进行校准，或把测量内尺寸时的松紧程度与测量量块组尺寸时的松紧程度进行比较，克服其示值误差较大的缺点。内径千分尺除可用来测量内径外，也可用来测量槽宽和机体两个内端面之间的距离等内尺寸。

记一记：

2.4 项目实施

2.4.1 游标卡尺测量零件

（1）用游标卡尺测量 T 形槽的宽度

用游标卡尺测量 T 形槽的宽度，如图 2-11 所示。测量时将量爪外缘端面的小平面，贴在零件凹槽的平面上，用固定螺钉把微动装置固定，转动调节螺母，使量爪的外测量面轻轻地与 T 形槽表面接触，并放正两量爪的位置（可以轻轻地摆动一个量爪，找到槽宽的垂直位置），读出游标卡尺的读数，图 2-11 中用 A 表示。但由于它是用量爪的外测量面测量内尺寸的，卡尺上所读出的读数 A 是量爪内测量面之间的距离，因此必须加上两个量爪的厚度 b，才是 T 形槽的宽度。所以，T 形槽的宽度 $L=A+b$。

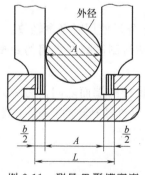

图 2-11 测量 T 形槽宽度

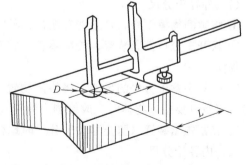

图 2-12 测量孔与侧面距离

（2）用游标卡尺测量孔中心线与侧平面之间的距离

用游标卡尺测量孔中心线与侧平面之间的距离 L 时，先要用游标卡尺测量出孔的直径

D，再用刃口形量爪测量孔的壁面与零件侧面之间的最短距离 A，如图 2-12 所示。

$$L = A + \frac{D}{2}$$

（3）用游标卡尺测量两孔的中心距

用游标卡尺测量两孔的中心距有两种方法：一种是先用游标卡尺分别量出两孔的内径 D_1 和 D_2，再量出两孔内表面之间的最大距离 A，如图 2-13 所示，则两孔的中心距：

$$L = A - \frac{1}{2}(D_1 + D_2)$$

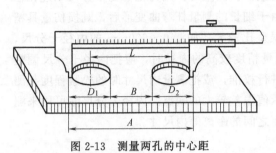

图 2-13 测量两孔的中心距

另一种测量方法，也是先分别量出两孔的内径 D_1 和 D_2，然后用刃口形量爪量出两孔内表面之间的最小距离 B，则两孔的中心距：

$$L = B + \frac{1}{2}(D_1 + D_2)$$

记一记：

2.4.2 千分尺测量零件

测量图 2-13 各尺寸数值并填表 2-3。

表 2-3 尺寸数值

测量	A	L	D_1	B	D_2
数值					

操作方法如下。

（1）外径千分尺

① 将被测物擦干净，且不能有缺口、异物附着现象。千分尺使用时轻拿轻放。

② 松开千分尺锁紧装置，校准零位，转动旋钮，使测砧与测微螺杆之间的距离略大于被测物体。

③ 一只手拿千分尺的尺架，将待测物置于测砧与测微螺杆的端面之间，另一只手转动旋钮，当螺杆要接近物体时，改旋测力装置直至听到喀喀声后再轻轻转动 0.5~1 圈。

④ 旋紧锁紧装置（防止移动千分尺时螺杆转动），即可读数。

（2）内径千分尺

① 依被测物孔径大小，去选择适当的内径千分尺。

② 将内径千分尺测试头放入被测物孔内。

③ 放入时被测物须放平，内径千分尺应正直。

④ 测试时，左手三手指拿着内径千分尺刻度表下的圆棒，右手旋转内径千分尺最上端

的旋钮。

⑤ 当测试头测量面与被测物孔内轻微接触时,右手转动旋钮使其放出 3~5 声轻响。

记一记:

2.5 任务评价

测量工具使用评分标准见表 2-4。

表 2-4 测量工具使用评分标准

姓名		检查内容	得分		
项目	序号		配分	点评	得分
知识掌握(30分)	1	基本知识(习题)	30		
测量工具使用 (60分)	2	游标卡尺的组成及功用	10		
	3	游标卡尺测量	15		
	4	千分尺的组成及功能	10		
	5	千分尺校尺步骤	10		
	6	千分尺测量	15		
团队协作(10分)	7	解决问题 团结互助	10		
教师点评					

2.6 职业技能鉴定指导

2.6.1 知识技能复习要点

① 百分表应怎样使用才能测试数据准确?
② 简述游标卡尺的读数步骤。
③ 简述千分尺的正确使用方法。

2.6.2 理论复习题

(1) 选择题

① 卡尺有几种,分别是哪几种(　　)。

A. 游标卡尺、表盘卡尺　　　　　　B. 电子数显卡尺
C. 高度卡尺、深度卡尺　　　　　　D. 以上几种都包括

② 卡尺的用途是(　　)。

A. 卡尺只能测量工件的内、外尺寸

B. 卡尺不能测量厚度、深度和孔距尺寸

C. 卡尺可以测量工件内、外尺寸，宽度、厚度、深度和孔距尺寸

③ 卡尺的测量范围（　　）。

A. 卡尺测量范围只有 0～150mm

B. 卡尺测量范围只有 150～200mm

C. 卡尺测量范围可以根据使用者要求制订

④ 卡尺是否可当作其他工具使用（　　）。

A. 卡尺不可以当作其他工具使用

B. 卡尺可以当作榔头敲击工件

C. 卡尺的量爪可以当划线工具使用

⑤ 使用卡尺测量工件时使用的力度（　　）。

A. 使用压力既不太大，也不太小，刚好使测量面与工件接触

B. 使用卡尺测试时要用大力推压，推压至工件拉不动为止

C. 使用卡尺测试时要用小力推压，推压至工件不用手扶可以掉出

(2) 判断题

① 卡尺只有上下量爪可以测试尺寸，其他地方不可以测试尺寸。（　　）

② 卡尺使用后应将卡尺放在工具盒内，不乱拿乱放。（　　）

③ 检查游标卡尺零位，使游标卡尺两量爪紧密贴合，用眼睛观察应无明显的光隙不应有可见的白光，可见白光此卡尺为不合格卡尺。（　　）

④ 卡尺使用时不准以游标卡尺代替卡钳在工件上来回拖拉。（　　）

⑤ 发现卡尺有故障或示值不准确，及时报告，由计量人员处理。（　　）

项目3 认识宇龙仿真软件

3.1 项目导入

宇龙数控仿真 4.9 完美解密版软件是一款优秀的虚拟仿真技术软件。宇龙数控仿真软件虚拟现实技术很适合生产行业进行虚拟制造,仿真机床操作的整个过程;提供刀具补偿、坐标系设置等系统参数的设定,能够减少产品制作成本,提高成功率。

3.2 项目分析

加工零件如图 3-1 所示,毛坯尺寸为 $\phi 50 \times 105$。根据零件图确定加工工艺路线,如表 3-1 所示,加工程序已编写完成,现要求在数控车宇龙仿真软件中进行模拟加工。

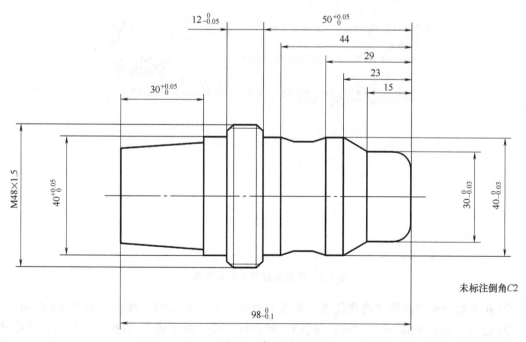

未标注倒角C2

图 3-1 加工零件图

表 3-1　简单工艺过程安排

程序标号：O0001					
工序 1			工序 2		
加工位置	零件右端		加工位置	零件左端	
编程原点	右端面中心		编程原点	左端面中心	
装卡	工件伸出最长		装卡	掉头后工件伸出最长	
工步号	刀具号	刀补号	工步内容	工步号	刀具号	刀补号	工步内容
1	T1	01	粗车轮廓	1	T1	03	调头粗车
2	T2	02	精车轮廓	2	T2	04	调头精车

3.3　知识准备

3.3.1　系统的安装

本系统的安装可以分为两部分：加密锁管理软件的安装和数控仿真软件的安装。

（1）加密锁管理软件的安装

略。

（2）数控仿真软件的安装

① 将"数控加工仿真系统"的安装光盘放入光驱。在"资源管理器"中，单击"光盘"，在显示的文件夹目录中单击"数控加工仿真系统 4.9"的文件夹。

② 选择相应的文件夹后，单击打开。在显示的文件目录中双击数控仿真软件图标，系统将弹出如图 3-2 所示的安装向导界面。

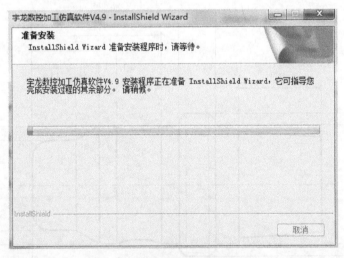

图 3-2　仿真系统准备安装界面

③ 在系统接着弹出的"欢迎使用"界面中单击"下一步（N）"按钮，如图 3-3 所示。

④ 进入"安装类型"选择界面，选择"教师机"或"学生机"，如图 3-4 所示。其中教师机有加密锁，学生机无加密锁。

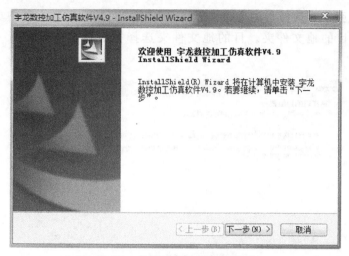

图 3-3 仿真软件欢迎使用界面

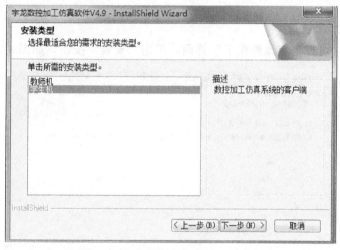

图 3-4 仿真软件安装类型选择界面

⑤ 在系统接着弹出的软件"许可证协议"界面中选择"我接受许可证协议中的条款",然后单击"下一步"按钮,如图 3-5 所示。

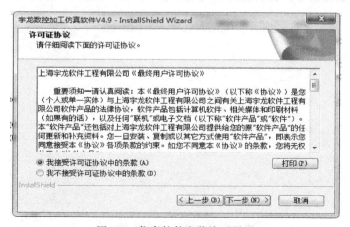

图 3-5 仿真软件安装许可界面

⑥ 此时系统弹出"选择目的地位置"界面,在"目的地文件夹"中单击"浏览"按钮,选择所需的目的地文件夹。目的地文件夹选择完成后,单击"下一步"按钮,如图 3-6 所示。

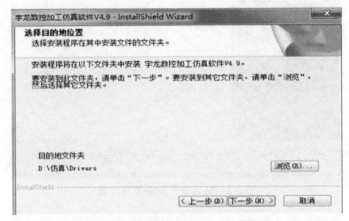

图 3-6 仿真软件安装地址选择界面

⑦ 系统进入"可以安装该程序了"界面,单击"安装"按钮,如图 3-7 所示。

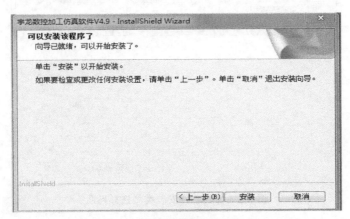

图 3-7 仿真软件安装界面

⑧ 此时弹出数控加工仿真系统的"安装状态"界面,如图 3-8 所示。

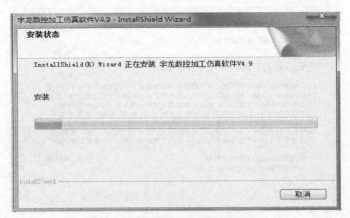

图 3-8 仿真软件安装状态界面

⑨ 安装完成后，系统弹出"问题"对话框，询问"是否要在桌面上安装数控加工仿真系统的快捷方式?"如图 3-9 所示。

⑩ 创建完快捷方式后，单击"完成"按钮，完成仿真软件的安装，如图 3-10 所示。

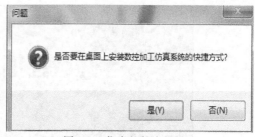

图 3-9　仿真软件询问界面

图 3-10　仿真软件安装完成界面

记一记：

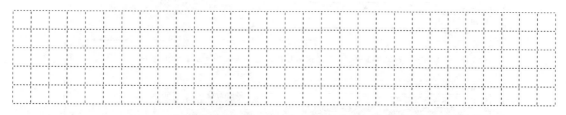

3.3.2　宇龙仿真软件的运行

① 用鼠标依次单击"开始/所有程序/数控加工仿真系统/加密锁管理程序"命令，以启动加密锁管理程序，如图 3-11 所示。

② 在"开始/程序/数控加工仿真系统"菜单里单击"数控加工仿真系统"，或者在桌面上双击 图标以运行宇龙仿真系统，弹出登录窗口，如图 3-12 所示。

单击"快速登录"按钮或输入"用户名"和"密码"即可进入数控系统。

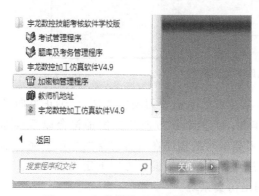

图 3-11　加密锁管理程序启动方式

③ 单击工具栏（工具条）中的 按钮，弹出"选择机床"对话框（以数控车床为例），如图 3-13 所示。

选择图 3-13 所示的"控制系统""机床类型"，就进入 FANUC 0i 数控车床的标准界面，

图 3-12 宇龙仿真软件登录窗口

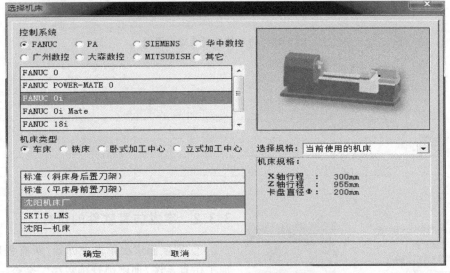

图 3-13 "选择机床"对话框

如图 3-14 所示。在选择前置刀架或后置刀架时,要注意的是前置刀架的车床 X 轴正方向指向操作者,后置刀架的车床 X 轴正方向远离操作者,但两者正方向的方位都符合以刀具远离工件表面为某方向的正方向的规定,且以前置刀架编写的程序在后置刀架的机床上完全不用修改就可以运行。所以,在选择此选项时只要注意机床坐标轴的正方向的定义就可以。

④ 单击仿真软件窗口的"关闭"按钮即可退出仿真系统。

3.3.3 宇龙仿真软件的基本操作

3.3.3.1 软件基本操作

(1) 项目文件操作

① 新建项目文件。单击菜单"文件/新建项目"命令。选择"新建项目"后,相当于回

图 3-14 FANUC 0i 数控车床标准界面

到重新选择后机床的状态。

② 打开项目文件。打开选中的项目文件夹，在文件夹中选中并打开后缀名为".MAC"的文件。

③ 保存项目文件。单击菜单"文件/保存项目或另存项目"，选择需要保存的内容，单击"确认"按钮即可。如果保存一个新的项目或者需要以新的项目名保存，选择"另存项目"。当内容选择完毕，还需要输入项目名保存项目时，系统自动以用户给予的文件名建立一个文件夹，内容都放在该文件夹中，默认保存在用户工作目录相应的机床系统文件夹内。

(2) 视图变换选择

在工具栏中选 图标之一，它们分别对应"视图"下拉菜单的"局部放大""动态缩放""动态平移""动态旋转""左侧视图""右侧视图""俯视图""前视图""选项设置"，或者可以将光标置于机床显示区域内右击，弹出浮动菜单，进行相应选择。也可将鼠标移至机床显示区，拖动鼠标，进行相应操作。

(3) 控制面板切换

在"视图"菜单或浮动菜单中选择"控制面板切换"，或在工具栏中单击即完成控制面板的切换。选择"控制面板切换"时，面板状态如图 3-15 (a) 所示。这里系统根据机床选择显示了 FANUC1 完整数控加工仿真界面，可完成机床回零、JO 手动控制、MDI 操作、编程操作、参数输入和仿真加工等各种基本操作。在未选择"控制面板切换"时，面板状态如图 3-15 (b) 所示。屏幕显示为机床仿真加工工作区，通过菜单或图标可完成零件安装、选择刀具、视图切换等操作。

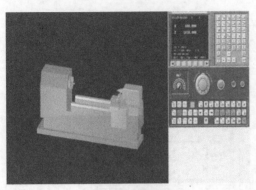
(a) 选择"控制面板切换"

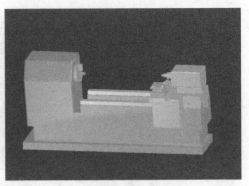
(b) 未选择"控制面板切换"

图 3-15　控制面板切换

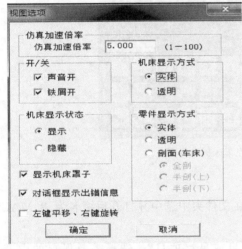

图 3-16　"视图选项"对话框

(4) "选项"对话框

在"视图"菜单或浮动菜单中选择"选项"或在工具条中选择按钮。在弹出的"视图选项"对话框中进行设置，如图 3-16 所示。下面介绍常用的 6 个选项。

① 仿真加速倍率。设置的速度值用以调节仿真速度，有效数值范围从 1~100。

② 开/关。设置仿真加工时的视听效果。

③ 机床显示方式。用于设置机床的显示方式，其中透明显示方式可方便观察内部加工状态。

④ 机床显示状态。用于仅显示加工零件或显示机床全部的设置。

⑤ 零件显示方式。用于对零件显示方式的设置，有 3 种方式。

⑥ 对话框显示出错信息。如果选中"对话显示出错信息"，出错信息提示将出现在对话框中；否则，出错信息将出现在屏幕的右下角。

3.3.3.2　认识操作面板

下面以 FANUC 0i 数控车床的操作面板为例进行介绍，数控铣床操作面板与此相同。数控车床的面板主要包括 MDI 键盘和机床操作面板两部分。其中 MDI 键盘主要用于程序编辑、参数设置等；而机床操作面板主要用于对机床进行调整和控制。上海宇龙软件公司提供的 FANUC 0i 数控车床标准界面如图 3-14 所示。上半部分是 MDI 键盘，下半部分是机床操作面板。机床操作面板各按钮的功能见表 3-2。

表 3-2　FANUC 0i 车床操作面板各按钮的功能

按钮	名称	功　能
	进给倍率	调节主轴运行时的进给速度率
	急停按钮	单击此按钮，使机床移动立即停止，并且所有的输出如主轴的转动等会关闭

续表

按钮	名称	功　　能
	超程解除	系统超程释放
	启动	启动控制系统
	关闭	关闭控制系统
	自动运行	单击此按钮，系统进入自动加工模式
	编辑	单击此按钮，系统进入程序编辑状态，用于直接通过操作面板输入数控程序和编辑程序
	MDI	单击此按钮，系统进入 MD 模式，手动输入并执行指令
	单段	单击此按钮，运行程序时每次执行一条数控指令
	单节忽略	单击此按钮，数控程序中的注释符号"/"有效
	机械锁定	单击此按钮，锁定机床
	试运行	单击此按钮，机床进入空运行状态
	进给保持	程序运行暂停。在程序运行过程中，单击此按钮运行暂停。按"循环启动"按钮，恢复运行
	循环启动	程序运行开始，系统处于"自动运行"或"MD"位置时单击有效，其余模式下使用无效
	循环停止	程序运行停止。在数控程序运行中，单击此按钮停止程序运行
	回原点	机床处于回零模式。机床必须首先执行回零操作，然后才可以运行
	手动	机床处于手动模式，可以手动连续移动

续表

按钮	名称	功 能
	手轮脉冲	手轮方式移动工作台和刀具
	X 轴选择按钮	在手动状态下,单击此按钮机床则移动 X 轴
	Z 轴选择按钮	在手动状态下,单击此按钮机床则移动 Z 轴
	快速按钮	单击此按钮,机床处于手动快速状态

记一记:

3.4 项目实施

对图 3-1 所示零件进行模拟加工的操作步骤如下。

(1) 定义毛坯

单击工具栏定义毛坯按钮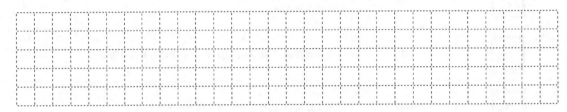,设置图 3-17 所示的毛坯尺寸。

(2) 定义刀具

定义刀具如表 3-3 所示。单击工具栏上的选择刀具按钮,将表 3-3 所示的刀具安装在对应的刀位。安装刀具时先选择刀位,再依次选择刀片、刀柄等,完成安装,如图 3-18 所示。

图 3-17 定义毛坯

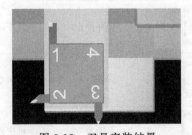

图 3-18 刀具安装结果

表 3-3 刀具参数

刀位号	刀片类型	刀片角度/(°)	刀柄	刀尖半径/mm
1	菱形刀片	80	外圆刀杆	0.4
2	菱形刀片	35	外圆刀杆	0.2
3	螺纹刀	60	螺纹刀柄	0.14

(3) 安装并移动工件装卡位置

单击工具栏上的放置零件按钮，弹出"选择零件"窗口；选择前面定义的毛坯，单击"安装零件"按钮以确认退出"零件选择"窗口，弹出移动工件按钮，如图 3-19 所示。单击按钮，将零件向右移动到最远的位置，如图 3-20 所示，每次移动一次，位移是 10mm。

图 3-19 移动工件按钮

图 3-20 工件装卡位置

(4) 编辑与导入程序

如果加工程序需要在数控系统中直接编辑，则需要新建程序。

首先单击按钮，进入编辑模式，单击键进入新建程序窗口，如图 3-21 所示。

然后在缓冲区输入程序号"O0001"，单击键新建程序，每编辑一段数控加工程序，单击一次键换行。

如果用 Word、记事本等已将程序编辑并保存，这时只需要将程序导入数控系统中即可。

首先单击按钮，进入编辑模式，单击键进入程序管理窗口，如图 3-22 所示。

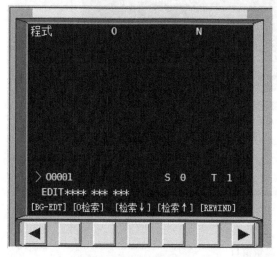

图 3-21 新建程序窗口

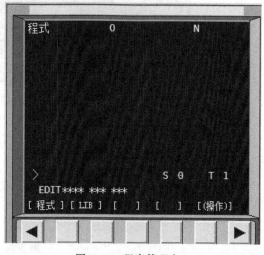

图 3-22 程序管理窗口

然后单击菜单软件"[操作]",进入该命令下级菜单;单击▶翻页,单击菜单软件[READ];单击工具栏上的图标,弹出文件选择窗口,将文件目录浏览到保存目录,然后打开,在缓冲区输入程序编号;单击菜单软件[EXEC],这样就将程序导入数控系统中了。

(5) 对刀

① 对1号刀

a. 工件试切。单击 按钮,将机床设置为返回原点模式,单击 → 和 ↓ 按键,机床刀架台返回原点位置。

单击 按钮,将机床设置为手动模式。

单击 ← 按钮,按下 快速按钮,使机床以叠加速度沿机床Z方向负方向快速移动,按住 ↑ 按钮,按下 快速按钮,使刀具沿机床X方向负方向靠近工件移动;→ 按键和 ↓ 按键分别是机床Z和X方向正方向,即为远离工件方向。当刀具靠近工件时取消快速按钮,单击 主轴正转按钮,启动主轴。

X方向对刀:试切工件直径,然后使刀具沿试切圆柱面退刀。

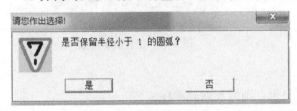

图3-23 半径测量提示界面

b. 试切尺寸测量。单击按钮,停止主轴旋转,单击菜单软键[测量]执行"剖面图测量"命令,弹出图3-23所示提示界面。

选择"否"按钮,进入测量窗口,如图3-24所示。

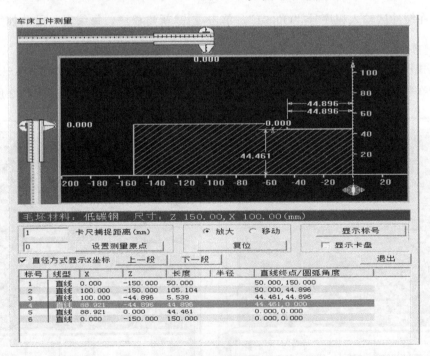

图3-24 测量窗口

在剖面图上单击刚试切的圆柱面，系统会自动测量试切圆柱面的直径和长度，测量结果会高亮显示出来，本例试切直径结果为 44.461。

c. 设置刀偏。因为程序中使用 T 指令调用工件坐标系，所以应该用 T 指令对刀。

单击 [OFS/SET] 按键，再单击菜单软键 [形状] 进入刀偏设置窗口，如图 3-25 所示。

使用 [↑][↓][←][→] 键，将光标移动到"01"刀补，在缓冲区输入"X44.461"，单击菜单软键 [测量]，系统计算出 X 方向刀偏。

Z 方向对刀：单击 按钮，将机床的模式设置为手动模式。单击 按钮，启动主轴。由于工件的总长为 98mm，毛坯总长为 105mm，因此手动移动刀具试切工件端面，然后使刀具沿试切圆柱端面退刀。单击 ○ 按钮，主轴停止旋转。由于是首次对刀，因此该试切端面选择为 Z 方向的编程原点。

单击 [OFS/SET] 按键，再单击菜单软键 [形状] 进入刀偏设置窗口，进入刀偏设置窗口，使用 [↑][↓][←][→] 键，将光标移动到"01"刀补，在缓冲区输入"Z0."，单击菜单软键 [测量]，系统计算出 Z 方向刀偏。

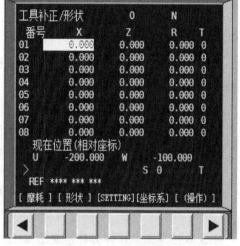

图 3-25 刀偏设置窗口

② 对 2 号刀　2 号刀具对刀方式与 1 号刀具基本相同，为保证 1 号刀具的对刀准确，试切后应记录试切值直径与长度，本例试切结果为"X42.618　Z-23.508"，如图 3-26 所示。

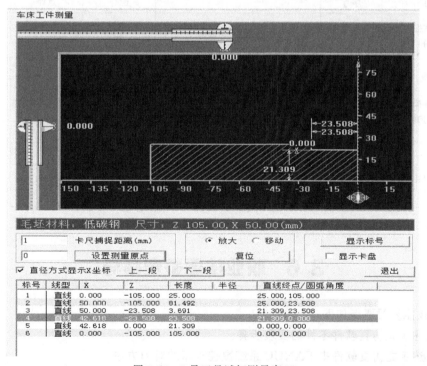

图 3-26 2 号刀具试切测量窗口

单击 [OFS/SET] 按键,再单击菜单软键 [形状] 进入刀偏设置窗口。使用 ↑ ↓ ← → 键,将光标移动到"02"刀补,在缓冲区输入"X42.618",单击菜单软键 [测量],系统计算出 X 方向刀偏。再次输入"Z-23.508",单击菜单软键 [测量],系统计算出 Z 方向刀偏,将光标移动到"02"刀补 R 的下方,在缓冲区输入"0.2",单击菜单软键 [输入]。

小提示:

刀具对刀方式大体相同,具有刀尖半径补偿的刀具应将刀具半径补偿填写到刀偏设置窗口中对应刀补位 R 中。

(6) 自动运行程序

单击 按钮,将机床设置为自动运行模式。

单击工具栏上的"□"图标以显示俯视图,单击 [CSTM/GRPH] 键,在机床模拟窗口进行程序校验。

单击 按钮,设置为单段运行有效,再单击 按钮,使选择性程序停止功能有效。这样,程序执行到"M01"指令时将自动停止,因为零件还需要掉头并再次对刀。

单击操作面板上的循环启动按钮,程序开始执行。

3.5 任务评价

宇龙数控车床操作评分标准见表 3-4。

表 3-4 宇龙数控车床操作评分标准

姓名		检查内容	得分		
项目	序号		配分	点评	得分
知识掌握 (30 分)	1	基本知识(习题)	30		
宇龙软件操作 (60 分)	2	面板的组成及功用	10		
	3	程序的编辑操作	15		
	4	对刀方法	10		
	5	自动加工步骤	10		
	6	手动操作方式	15		
团队协作 (10 分)	7	解决问题 团结互助	10		
教师点评					

3.6 职业技能鉴定指导

知识技能复习要点如下。

① 简述宇龙仿真软件零件的安装步骤。

② 简述宇龙仿真软件中 FANUC 系统数控车床的对刀方法。

项目4 台阶轴的加工

4.1 项目导入

轴类零件是在数控车床上加工的典型零件之一,如常见的有台阶轴、细长轴、曲面轴、螺纹轴等零件,它们的特点是径向尺寸较小,而长度方向尺寸较大,加工的部位主要是外表面,称这样的零件为轴类零件。如图 4-1 所示为一台阶轴零件图,毛坯为 42mm×90mm,材料为 45 钢,生产类型为单件或小批量生产,无热处理工艺要求。下面以该台阶轴为例,试正确设定工件坐标系,制订加工工艺方案,选择合理的刀具和切削工艺参数,正确编制数控加工程序并完成零件的加工。

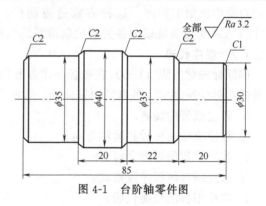

图 4-1 台阶轴零件图

4.2 项目分析

该零件的外圆精度要求不高,表面粗糙度全部为 $Ra3.2\mu m$,要求一般,外圆端面加工较为简单,注意保证精度要求即可。本零件可以用 G01 或 G90 指令加工外圆,用 G01、G94 指令加工端面。通过学习本节内容,使学生掌握简单轴类零件的数控加工工艺知识,常用指令 G00、G01、G94、G90 格式用法及零件加工与质量分析等。

4.3 知识准备

4.3.1 程序编制的基本概念

4.3.1.1 数控编程方法

数控机床是依据程序来控制其加工运转动作的高效自动化设备。当使用数控机床执行零件加工时,首先把加工路径和加工条件转换为程序,此种程序即称为加工程序或零件程序。

因此在数控编程之前，编程人员首先应了解所用数控机床的规格、性能与数控系统所具备的功能及编程指令格式等。编制程序时，应先对图纸规定的技术要求、零件的几何形状、尺寸及工艺要求进行分析，确定加工方法和加工路线，再进行数学计算，获得刀位数据，然后按数控机床规定的代码和程序格式，将工件的尺寸、刀具运动中心轨迹、位移量、切削参数以及辅助功能（换刀、主轴正反转、冷却液开关等）编制成加工程序，并输入数控系统，由数控系统控制数控机床自动地进行加工。

数控机床所使用的程序是按一定的格式并以代码的形式编制的，一般称为"加工程序"，目前零件加工程序的编制主要采用以下两种方法。

(1) 手工编程

利用一般的计算工具，通过各种数学方法，人工进行刀具轨迹的运算，并编制指令。这种方式比较简单，很容易掌握，适应性较大，适用于中等复杂程度的程序或计算量不大的零件编程，对机床操作人员来讲必须掌握。

(2) 自动编程

利用 CAD/CAM 技术进行零件设计、分析和造型，并通过后置处理对程序校验和修改后，自动生成加工程序。这种方式适应面广、效率高、程序质量好，适用于制造业中的CAD/CAM 集成系统以及各类柔性制造系统（FMS）和集成制造系统（CIMS）。

4.3.1.2 程序代码

国际标准化组织（ISO）在数控技术方面制定了一系列相应的国际标准，各国也都根据自身的实际情况制定了各自的国家标准，这些标准是数控加工编程的基本原则。

① 数控纸带的规格。
② 数控机床坐标轴和运动方向。
③ 数控编程的编码字符。
④ 数控编程的程序段格式。
⑤ 数控编程的功能代码。

国际上通用的有 ISO（国际标准化组织）和 EIA（美国电子工业协会）两种代码，代码中有数字码（0~9）、文字码（A~Z）和符号码。

4.3.1.3 编程基本术语

(1) 字符

字符是用于组织控制表示数据的各种符号，如数字、字母、标点符号和数学运算号等。在功能上，字符是计算机进行存储或传送的信号；在结构上，字符是加工程序的最小组成单位。

① 数字。程序中可以使用十个数字（0~9）来组成一个数，数字有两种模式：一种是整数值（没有小数部分的数），另一种是实数值（具有小数部分的数）。数字有正负之分，在一些控制器中，实数可以有小数点，也可以没有小数点。两种模式下的数字，只能输入控制器系统许可范围内的数字。

② 字母。26个英文字母都可用来编程，用字母表示地址码，通常编写在前面。大写字母是 CNC 编程中的正规名称，但是一些控制器也可以接受小写形式的字母，并与对应的大写字母具有相同的意义。

③ 符号。除了数字和字母，编程中也使用一些符号。最常见的符号是小数点、负号、百分号、圆括号等，这取决于控制器选项。

(2) 字

字是程序字的简称，它是一套有规定次序的字符，可以作为一个信息单元存储、传递以操作，如"X234.678"就是由 8 个字符组成的一个字。

（3）程序段

字在 CNC 系统中作为单独的指令使用，而程序段则作为多重指令使用。输入控制系统的程序由单独的以逻辑顺序排列的指令行组成，每一行由一个或几个字组成，每一个字由两个或多个字符组成。程序由程序段组成，程序中每一行为一个程序段。

（4）程序

CNC 程序通常以程序号或类似的符号开始，后面紧跟以逻辑循序排列的指令程序段。程序段以停止代码终止符号结束，比如百分号（%）。

记一记：

4.3.2 程序结构与格式

4.3.2.1 加工程序的组成

为运行机床而送到 CNC 的一组指令称为程序。用指定的程序指令刀具沿着直线或圆弧移动，主轴电机按照指令旋转或停止。在程序中以刀具实际移动的顺序指定指令。

程序是由一系列加工程序段组成的。如图 4-2 所示，用来表示完成一定动作、一组操作的全部指令称为程序段；用于区分每个程序段的号码叫做顺序号，用于区分每个程序的号码叫做程序号；程序段中用来完成一定功能的某一具体指令（由字母、数字组成）又称为字。

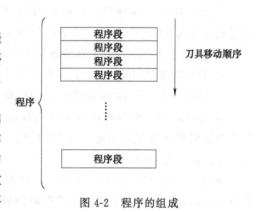

图 4-2 程序的组成

4.3.2.2 程序段格式

（1）固定顺序程序段格式

NC 发展初期常用，现已不用。

（2）表格顺序程序段格式

少数应用（线切割）。

（3）文字地址程序段格式

字-地址格式，可长可短、直观、不易出错、应用广泛。

| N_ | G_ | X_ | Y_ | Z_ | …… | F_ | S_ | T_ | M_ | ; |

其中：

　　N——语句号；

　　G——准备功能字（对机床的操作）；

X、Y、Z——尺寸字；

　　F——进给功能字，mm/min；

S——主轴转数字，r/min；
T——刀具功能字；
M——辅助功能字；
；——结束。

一个程序段用识别程序段号开始，以程序段结束代码结束。字-地址格式可变程序段格式的特点是程序段中各字的先后排列顺序并不严格，不需要的字以及与上一程序段相同的继续使用的字可以省略；数据的位数可多可少，程序简短、直观、不易出错，因而得到广泛应用。

① 程序段号（简称顺序号）通常用数字表示，在数字前还冠有标识符号 N，如 N0020、N20、N2 等。现代 CNC 系统中很多都不要求程序段号，即程序段号可有可无。

② 准备功能（简称 G 功能）由表示准备功能的地址符 G 和数字所组成，如 G01。G01 表示直线插补，一般可以用 G1 代替，即可以省略前导 0。G 功能的代号已标准化。

③ 坐标字由坐标地址符及数字组成，且按一定的顺序进行排列。各组数字必须由具有作为地址码的地址符（如 X、Y 等）开头；各坐标轴的地址符按 X、Y、Z、U、V、W、P、Q、R、A、B、C 顺序排列，X、Y、Z 为刀具运动的终点坐标位置。现代 CNC 系统一般都对坐标值的小数点有严格要求（有的系统可以用参数进行设置），比如 26 应写成 26.，否则有的系统会将 26 视为 $26\mu m$，而不是 26mm，而写成 26.，则均会被认为是 26mm。

④ 进给功能 F 由进给地址符 F 及数字组成，数字表示所选定的进给速度，如 F148. 表示进给速度为 148mm/min，其小数点与 X、Y、Z 后的小数点同样重要。

⑤ 主轴转速功能 S 由主轴地址符 S 及数字组成，数字表示主轴转数，单位为 r/min。

⑥ 刀具功能 T 由地址符 T 和数字组成，用以指定刀具的号码。

⑦ 辅助功能（简称 M 功能）由辅助操作地址符 M 和两位数字组成。

⑧ 程序段结束符号列在程序段的最后一个有用的字符之后，表示程序段的结束。结束符应根据编程手册规定而定，本书用";"表示程序段结束代码，ISO 代码中为"LF"，而在 EA 代码中为"CR"。

例如：N001 G01 X70.0 Z－40.0 F140. S300 M03；其含义为命令数控机床使用一号刀具以 140mm/min 的进给量，主轴正向旋转，以转速 300r/min 加工工件，刀具直线位移至 $X=70mm$，$Z=-40mm$ 处。

记一记：

4.3.3 数控系统功能

数控机床加工中的动作在加工程序中用指令的方式予以规定，其中包括准备功能 G、辅助功能 M、主轴转速功能 S、刀具功能 T 和进给功能 F 等。准备功能 G 和辅助功能 M 由标准制订。由于我国现行数控系统种类较多，它们的指令尚未统一，因此编程技术人员在编程前必须充分了解所用数控系统的功能，并详细阅读编程说明书，以免发生错误。下面以

FANUC 0i-TA 系统常用辅助功能为例加以介绍。

4.3.3.1 准备功能

准备功能 G 又称"G 功能"或"G 代码",是由地址字和后面的两位数来表示的,如表 4-1 所示。

G 代码有两种模态:模态代码和非模态代码。00 组的 G 代码属于非模态代码,只限定在被指定的程序段中有效;其余组的 G 代码属于模态代码,具有续效性,在后续程序段中,只要同组其他 G 代码未出现之前一直有效。

G 代码按其功能的不同可分为若干组。在同一程序段中可以指令多个不同组的 G 代码,但如果在同一程序段中指令了两个或两个以上属于同一组的 G 代码时,只有最后的 G 代码才有效。如果在程序段中指令了 G 代码表中没有列出的代码,则显示报警。

表 4-1 FANUC-0i 数控车系统常用 G 代码

代码	功能保持到被取消或被同样字母表示的程序指令所代替	功能仅在所出现的程序段内有作用	功能	代码	功能保持到被取消或被同样字母表示的程序指令所代替	功能仅在所出现的程序段内有作用	功能
G00	a	—	点定位	G50	#(d)	#	刀具偏置 0/+
G01	a	—	直线插补	G51	#(d)	#	刀具偏置+/0
G02	a	—	顺时针圆弧插补	G52	#(d)	#	刀具偏置—/0
G03	a	—	逆时针圆弧插补	G53	f	—	直线偏移注销
G04	—	*	暂停	G54	f	—	直线偏移 X
G05	#	#	不指定	G55	f	—	直线偏移 Y
G06	#	—	抛物线插补	G56	f	—	直线偏移 Z
G07	#	#	不指定	G57	f	—	直线偏移 XY
G08	—	*	加速	G58	f	—	直线偏移 XZ
G09	—	*	减速	G59	f	—	直线偏移 YZ
G10~G16	#	#	不指定	G60	h	—	精准定位(精)
G17	c	—	XY 平面选择	G61	h	—	精准定位(中)
G18	c	—	XZ 平面选择	G62	h	—	精准定位(粗)
G19	c	—	YZ 平面选择	G63	—	*	攻螺纹
G20~G32	#	#	不指定	G64~G67	#	#	不指定
G33	a	—	螺纹切削,等螺距	G68	#(d)	#	刀具偏置,内角
G34	a	—	螺纹切削,加螺距	G69	#(d)	#	刀具偏置,外角
G35	a	—	螺纹切削,减螺距	G70~G79	#	#	不指定
G36~G39	#	#	永不指定	G80	e	—	固定循环注销
G40	d	—	刀具补偿注销	G81~G89	e	—	固定循环
G41	d	—	刀具补偿(左)	G90	j	—	绝对尺寸
G42	d	—	刀具补偿(右)	G91	j	—	增量尺寸
G43	#(d)	#	刀具补偿(正)	G92	—	*	预置寄存
G44	#(d)	#	刀具补偿(负)	G93	k	—	时间倒数,进给率
G45	#(d)	#	刀具偏置+/+	G94	k	—	每分钟进给
G46	#(d)	#	刀具偏置+/—	G95	k	—	主轴每转进给
G47	#(d)	#	刀具偏置—/—	G96	i	—	主轴横线速度
G48	#(d)	#	刀具偏置—/+	G97	i	—	主轴每分钟转速
G49	#(d)	#	刀具偏置 0/+	G98~G99	#	#	不指定

4.3.3.2 辅助功能

辅助功能又称 M 功能或 M 代码,是控制机床在加工操作时做一些辅助动作的开、关功能。如主轴的转停、冷却液的开关、卡盘的夹紧松开、刀具的更换等。如表 4-2 所示。

表 4-2 FANUC-0i 数控车系统常用辅助代码

指令	功能	指令执行类型
M00	程序停止	后指令
M01	程序选择停止	后指令
M02	程序结束	
M03	主轴正转	前指令
M04	主轴反转	
M05	主轴停止	后指令
M06	刀具自动交换	
M08	切削液开(或 M07)	前指令
M09	切削液关	
M19	主轴定向	单独程序段
M29	刚性攻螺纹	
M30	程序结束并返回	后指令
M63	排屑启动	
M64	排屑停止	
M80	刀库前进	单独程序段
M81	刀库后退	
M82	刀具松开	
M83	刀具夹紧	
M85	刀库旋转	
M98	调用子程序	后指令
M99	调用子程序并返回	

(1) 程序停止 (M00)

M00 的含义为程序停止,属于非模态指令;程序执行到 M00 这一功能时,将停止机床所有的自动操作,包括所有轴的运动、主轴的旋转、冷却液功能、程序的进一步执行;M00 功能可以编写在单独的程序段中,也可以在包含其他指令的程序段中编写,通常是轴的运动。

M00 使用注意事项

M00 使程序停在本程序段状态,不执行下一段,在此以前有效的信息全部保存下来,例如进给率、坐标设置、主轴速度等,相当于单段停止。当按下控制面板上的循环启动键后,可继续执行下一段程序。特别注意的是,M00 功能将取消主轴旋转和冷却液功能,因此必须在后续程序段中对它们进行重复编写,否则会发生安全事故。

(2) 程序选择停止 (M01)

M01 的含义为程序选择停止,又称为有条件的程序停止。属于非模态指令;当控制面板上的"选择停"为"开",程序执行到 M01 时,机床停止运动,即 M01 起作用。否则,执行到 M01 时，M01 不起作用，机床接着执行下一段程序；当 M01 起作用时它的运转方式与 M00 功能一样，所有轴的运动、主轴旋转、冷却液功能和进一步的程序执行都暂时中断，而进给率、坐标设置、主轴速度等设置保持不变。

小贴士

① 在一个程序段中只能指令一个 M 代码，如果在一个程序段中同时指令了两个或两个以上的 M 代码时，则只有最后一个 M 代码有效，其余的 M 代码无效。通常辅助功能 M 代码是以地址 M 为首，后跟两位数字组成。不同厂家和不同的机床，M 代码的书写格式和功能不尽相同，须以厂家的说明书为准。

② 如果 M00 功能与运动指令编写在一起，程序停止将在运动完成后才有效。也是将 M00 指令编写在运动指令之前与之后无实质区别。

③ M01 通常用于关键尺寸的抽样检查或临时停止。M01 与 M00 的区别在于，M01 适用于大批量的零件加工，而 M00 适用于单件加工。

（3）程序结束（M02）

M02 的含义为主程序结束，属于非模态指令，当控制器读到程序结束功能指令时，便取消所有轴的运动、主轴旋转及冷却液功能，机床复位，并且通常将系统重新设置到缺省状态；执行 M02 时，将终止程序执行，但不会回到程序的第一个程序段，按控制面板上的复位键可以返回。但现在比较先进的控制器可以通过设置参数使 M02 的功能与 M30 的功能一样，即执行到 M02 时返回程序开头位置，含有复位功能。

（4）程序结束（M30）

M30 的含义为主程序结束，属于非模态指令，当控制器读到程序结束功能指令时便取消所有轴的运动、主轴旋转及冷却液功能，机床复位，并且通常将系统重新设置到缺省状态；执行 M30 时，将终止程序执行并返回程序开头位置。

【知识拓展】

M02 与 M30 可以单独处在一段上，也可以与其他指令处在一行上，如果与运动指令编写在一起，程序停止将在运动结束后才有效。

（5）主轴旋转功能（M03、M04、M05）

① M03 表示主轴顺时针旋转（正转 CW）。

② M04 表示主轴逆时针旋转（反转 CCW）。

③ 后置刀架，从主轴箱向主轴方向看去顺时针为正转，反之为反转。

④ M05 为主轴停，不管主轴的旋转方向如何，执行 M05 后，主轴将停止转动。

⑤ 主轴停止功能可以作为单独程序段编写，也可以编写在包含刀具运动的程序段中，通常只有在运动完成后，主轴才停止旋转，这是控制器中添加的一项安全功能。当然，最后不要忘记编写 M03 或 M04 恢复主轴旋转。

主轴旋转功能使用注意事项

① 在加工过程中，主轴旋转方向需要改变时，需用 M05 先将主轴停转，再启动主轴反方向旋转，不允许由正转直接转向反转或由反转直接转向正转。

② 主轴地址必须和主轴旋转功能 M03 或 M04 同时使用，只使用其中一个对控制器没有任何意义。如果将主轴转速和主轴旋转方向编写在同一程序段中，主轴转速和主轴旋转方向将同时有效；如果将主轴转速和主轴旋转方向编写在不同的程序段中，主轴将不会旋转，直到将转速和旋转方向处理完毕。一般情况下，M03 或 M04 与 S 地址编写在一起或在其后编

写,最好不要将它们编写在 S 地址前。

(6) 冷却液功能(M07、M08、M09)

① M07 为冷却液"开",冷却液为喷雾状的,是小量切削液和压缩空气的混合物。

② M08 为冷却液"开",冷却液通常为液体,是可溶性油和水的混合物。

③ M09 为冷却液"关"。

④ 冷却液功能可以编写在单独的程序段中,或与轴的运动一起编写。

⑤ 冷却液"开"和轴运动编写在一起时,将和轴运动同时变得有效。

⑥ 冷却液"关"和轴运动编写在一起时,只有在轴运动完成以后才变得有效。

⑦ 加工冷却时,不要使冷却液喷到工作区域外,并且不要让冷却液喷到高温的切削刃上。

小贴士:

大多数的金属切削均需要合适的冷却液来喷洒在切削刃上,主要目的一是散掉切削过程中产生的热量;二是使用冷却液的冲力,从切削区域排屑;三是由于冷却液有一定润滑作用,可以减少切削刀具和金属材料之间的摩擦,从而延长刀具寿命,并改善工件表面的加工质量。

4.3.3.3 进给倍率控制 (M48、M49)

① M48 为进给倍率取消功能"关",即进给倍率有效;M49 为进给倍率取消功能"开",即进给倍率无效,二者均属于模态指令,彼此可以相互取消。

图 4-3 进给倍率调节开关

② 通常 M49 为默认状态,在工件加工过程中,操作人员可以通过 CNC 系统控制面板上的一个专用旋钮开关来控制进给倍率,如图 4-3 所示为进给倍率调节开关。

③ 当 M48 有效时,CNC 系统控制面板上进给倍率开关不起作用。刀具进给速度为程序设定值。

④ 在数控车床上执行螺纹加工指令 G32、G92、G76 时,M48 自动生效,M49 是无效的。

记一记:

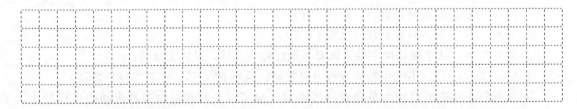

4.3.4 刀具的直线插补

(1) 快速点定位指令 G00

G00 指令是模态代码,它命令刀具以点定位控制方式从刀具所在点快速运动到下一个目标位置,它只是快速定位,而无运动轨迹要求,也无切削加工过程。其指令书写格式为:G00 X(U)_ Z(W)_。

当采用绝对值编程时,刀具分别以各轴的快速进给速度运动到工件坐标系 X、Z 点;当采用增量值编程时,刀具以各轴的快速进给速度运动到距离现有位置为 U、W 点。

图 4-4 所示为快速点定位,从刀具当前位置快速运动到指令终点位置。

绝对值编程为 G00 X50.0 Z6.0；
增量值编程为 G00 U-70.0 W-84.0；

注意事项：

① G00 为模态指令。

② 移动速度不能用程序指令设定，由厂家预调。

③ G00 的执行过程为刀具由程序起始点加速到最大速度，然后快速移动，最后减速到终点，实现快速点定位。

④ 刀具的实际运动路线不是直线而是折线，使用时注意刀具是否和工件发生干涉。

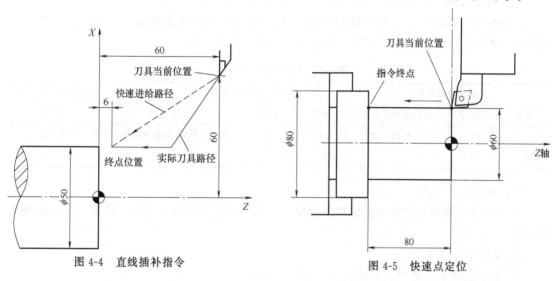

图 4-4 直线插补指令　　　　　　　　图 4-5 快速点定位

（2）直线插补指令 G01

G01 是模态代码，它是直线运动的命令，规定刀具在两坐标或三坐标间以插补联动方式按指定的 F 进给速度作任意斜率的直线运动。

当采用绝对值编程时，刀具以 F 指令的进给速度进行直线插补一直运动到工件坐标系 X、Z 点。当采用增量值编程时，刀具以 F 进给速度运动到距离现有位置为 U、W 的点上。其中 F 进给速度在没有新的 F 指令以前一直有效，不必在每个程序段中都写入 F 指令。其指令书写格式为：G01 X(U)_ Z(W)_。

如图 4-5 所示为直线插补指令，从刀具当前位置到指令终点（O 点为工件原点）：

使用绝对值编程为 G01 X60.0 Z-80.0 F0.3；
使用增量值编程为 G01 U0.0 W-80.0 F0.3；

注意事项：

G01 指令后的坐标值取绝对值编程还是取增量值编程，由尺寸字决定。

记一记：

4.4 项目实施

4.4.1 加工工艺设计

(1) 零件的装夹

零件较短,使用三爪自定心卡盘装夹。

(2) 选择刀具

该零件因结构简单,工件材料为45钢,尺寸精度和表面粗糙度要求不高,选择焊接或可转位90°外圆车刀,材料为YT1。制订刀具卡片,见表4-3。

表4-3 数控加工刀具卡片

产品名称或代号:			零件名称:台阶轴			零件图号:
序号	刀具号	刀具规格及名称	材质	数量	加工表面	备注
1	T01	90°外圆车刀	YT15	1	粗精车外圆、端面及倒角等	R0.2
编制:			审核:			

(3) 确定加工工艺

零件以两端面轴心处为零件编程坐标原点。先加工左端外圆,再加工右端。工艺路线安排如下。

① 车削零件左端面。
② 零件左端 $\phi 35$ 外圆柱面至尺寸,长度25mm。
③ 工件掉头,车右端面,保证总长尺寸85mm符合要求。
④ 粗车各外圆,留精车余量0.5mm。
⑤ 精车各外圆和倒角至尺寸要求。

制订加工工艺卡片,见表4-4。

表4-4 数控加工工艺卡片

零件名称:台阶轴		零件图号:		工件材质:45钢	
工序号	程序编写	夹具名称	数控系统	车间	
1	O0001	三爪自定心卡盘	FANUC 0i		
工步号	工步内容	刀具号	主轴转速 /(r/min)	进给量 /(mm/r)	吃刀量 /mm	备注
1	车左端面	T01	800	0.15	1	自动
2	精车$\phi 35$外圆	T01	800	0.15	1.5	自动
3	掉头车右端面,保证总长	T01	800	0.15	1	自动
4	粗车各外圆	T01	900	0.2	1.5	自动
5	精车各外圆、倒角	T01	1200	0.1	0.5	自动
编制:		审核:		批准:	

记一记：

4.4.2 加工程序的编写

使用 G90、G94 切削循环指令加工图 4-1 程序内容，见表 4-5。

表 4-5 台阶轴编写程序（G90、G94）

加工程序	程序说明
%	
O0001	程序名
M03 S800 T0101 F0.15;	主轴正转,转速 800r/min,选择 1 号刀位 1 号刀补
G00 X42. Z2.;	刀具快速移动到达循环起点
G94 X-1. Z1. F0.15;	G94 切削循环车削工件左端面
Z0;	
G90 X40. Z-46. F0.15;	G90 切削循环精车 ϕ40 外圆,粗车 ϕ35 外圆
X38. Z-25.;	
X36.;	
G01 X31.;	精车 ϕ35 外圆至尺寸,并倒角
X35. Z-2.;	
Z-25.;	
X36.;	
X40. Z-27.;	
G00 X100 .Z100.;	
M00;	程序暂停,测量,工件调头
M03 S800 T0101 F0.15;	主轴正转,转速 800r/min,选择 1 号刀位 1 号刀补
G00 X42. Z2.;	刀具快速移动到达循环起点
G94 X-1. Z1. F0.15;	G94 切削循环车削工件右端面
Z0;	
M03 S900;	主轴正转,转速 900r/min
G90 X38. Z-40. F0.2;	粗车 ϕ30、ϕ35 外圆,留余量 1mm
X36.;	
X33.;	
X31.;	
M03 S1200;	主轴正转,精车转速 1200r/min
G00 X26.;	

续表

加工程序	程序说明
G01 X30. Z-1. F0.1;	
Z-20.;	
X31.;	
G01 X35. Z-22.;	主轴正转,精车转速 1200r/min
Z-40.;	
X36.;	
X42. Z-44.;	
Z-45.;	
G00 X100. Z100.;	车刀远离工件
M30;	程序结束,光标返回程序头
%	

记一记：

4.4.3 宇龙仿真模拟加工

对图 4-1 所示零件进行模拟加工的操作步骤如下。

（1）定义毛坯

单击工具栏定义毛坯按钮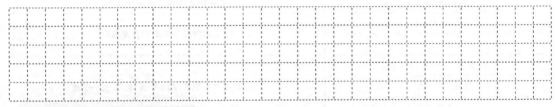，设置图 4-6 所示的毛坯尺寸。

（2）定义刀具

定义刀具如表 4-6 所示。

单击工具栏上的选择刀具按钮，将表 4-6 所示的刀具安装在对应的刀位。安装刀具时先选择刀位，再依次选择刀片、刀柄等，完成安装，如图 4-7 所示。

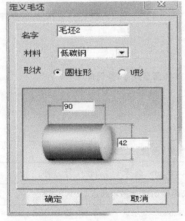

图 4-6 定义毛坯

表 4-6 刀具参数

刀位号	刀片类型	刀片角度/(°)	刀柄	刀尖半径/mm
1	菱形刀片	35	93°正偏刀	0.2

（3）安装并移动工件装卡位置

单击工具栏上的放置零件按钮，弹出"选择零件"窗口；选择前面定义的毛坯，单击"安装零件"按钮以确认退出"零件选择"窗口，弹出移动工件按钮，如图 4-8 所示。图 4-8 所示毛坯定义界面单击 按钮，将零件向右移动到最远的位置，如图 4-9 所示，每次移动一次，位移为 10mm。

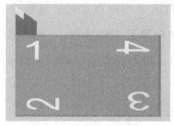

图 4-7 刀具安装结果

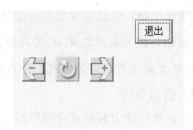

图 4-8 移动工件按钮

图 4-9 工件装卡位置

（4）编辑与导入程序

如果加工程序需要在数控系统中直接编辑，则需要新建程序。

首先单击 按钮，进入编辑模式，单击 键进入新建程序窗口，如图 4-10 所示。

然后在缓冲区输入程序号"O0001"，单击 键新建程序，每编辑一段数控加工程序，单击一次 键换行。

如果用 Word、记事本等已将程序编辑并保存，这时只需要将程序导入数控系统中即可。

首先单击 按钮，进入编辑模式，单击 键进入程序管理窗口，如图 4-11 所示。

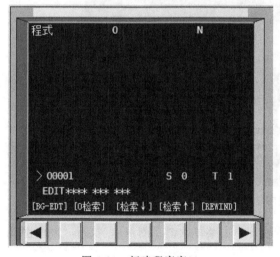

图 4-10 新建程序窗口

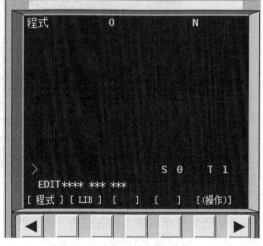

图 4-11 程序管理窗口

然后单击菜单软件［操作］，进入该命令下级菜单；单击 ▶ 翻页，单击菜单软件［READ］；单击工具栏上的图标 ，弹出文件选择窗口，将文件目录浏览到保存目录，然后打开，在缓冲区输入程序编号；单击菜单软件［EXEC］，这样就将程序导入数控系统中了。导入结果如图 4-12 所示。

（5）对刀

① 工件试切。单击 按钮，将机床设置为返回原点模式，单击 → 和 ↓ 按键，机床刀架台返回原点位置。

项目 4 台阶轴的加工

单击 按钮，将机床设置为手动模式。

单击 ← 按钮，按下 快速按钮，使机床以叠加速度沿机床 Z 方向负方向快速移动，按住 ↑ 按钮，按下 快速按钮，使刀具沿机床 X 方向负方向靠近工件移动；→ 按键和 ↓ 按键分别是机床 Z 和 X 方向正方向即为远离工件方向。当刀具靠近工件时取消快速按钮，单击 主轴正转按钮，启动主轴。

X 方向对刀：试切工件直径，然后使刀具沿试切圆柱面退刀。

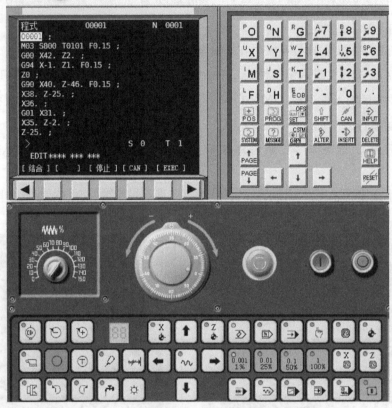

图 4-12　程序导入显示

② 试切尺寸测量。单击按钮，停止主轴旋转，单击菜单软键［测量］，执行"剖面图测量"命令，弹出图 4-13 所示提示界面。

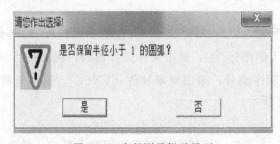

图 4-13　半径测量提示界面

选择"否"按钮，进入测量窗口，如图 4-14 所示。

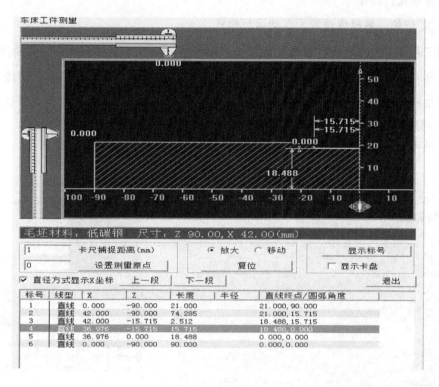

图 4-14 测量窗口

使用 ↑ ↓ ← → 键，将光标移动到"01"刀补，在缓冲区输入"X36.397"，单击菜单软键[测量]，系统计算出 X 方向刀偏。

Z 方向对刀：单击 ~ 按钮，将机床的模式设置为手动模式。单击 🗘 按钮，启动主轴。

由于工件的总长为 85mm，毛坯总长为 90mm，因此手动移动刀具试切工件端面，然后使刀具沿试切圆柱端面退刀。单击 ○ 按钮，主轴停止旋转。由于是首次对刀，因此该试切端面选择为 Z 方向的编程原点。

③ 单击 按键，再单击菜单软键[形状]进入刀偏设置窗口，如图 4-15 所示，使

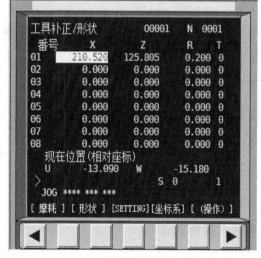

图 4-15 刀偏设置窗口

用 ↑ ↓ ← → 键，将光标移动到"01"刀补，在缓冲区输入"Z0."，单击菜单软键[测量]，系统计算出 Z 方向刀偏。

小提示：

刀具对刀方式大体相同，具有刀尖半径补偿的刀具应将刀具半径补偿填写到刀偏设置窗口中对应刀补位 R 中。

（6）自动运行程序

单击 按钮，将机床设置为自动运行模式。

单击工具栏上的 图标以显示俯视图，单击 键，在机床模拟窗口进行程序校验。

单击 按钮，设置为单段运行有效，再单击 按钮，使选择性程序停止功能有效。这样，程序执行到"M01"指令时将自动停止，因为零件还需要掉头并再次保证总长，所以需要再次 Z 向对刀。

单击操作面板上的循环启动按钮，程序开始执行。加工结果如图 4-16 所示。

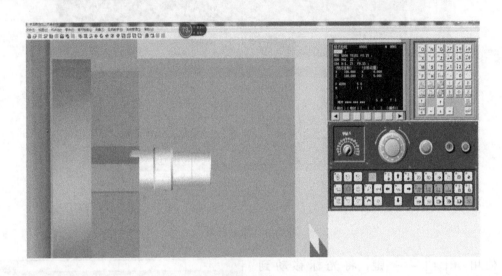

图 4-16　阶梯轴模拟仿真加工图

记一记：

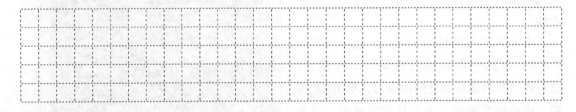

4.4.4　实际加工

（1）工件与刀具的安装

工件装夹在自定心卡盘上，三爪夹持（或一夹一顶），装夹要牢固。车刀安装时不宜伸出过长，刀尖高度应与机床中心等高。

（2）程序的键入

有手动键入或者程序导入两种方法。

（3）对刀并输入刀补值

车刀分别试车工件外圆和端面，测量后输入对应的刀补值，对刀结束。

(4) 数控加工与精度控制

① 加工 首件加工应单段运行,通过机床控制面板上的【倍率选择】按钮修正加工参数,然后自动运行加工,当程序暂停时可以对加工尺寸检测,以保证精度要求。

② 精度控制 加工过程中,各尺寸精度都要保证在公差范围之内,如出现误差可采用刀补修正法进行修正。

记一记:

4.5 任务评价

台阶轴评分标准见表4-7。

表4-7 台阶轴评分标准

姓名			零件名称	台阶轴	时间	60min	总得分	
项目	序号	检查内容		配分	评价标准		检测记录	得分
零件加工 (50分)	1	外圆尺寸	$\phi 30$、$\phi 35$(两处)、$\phi 40$	20	每处5分 超差不得分			
	2	长度尺寸	85mm、20mm (三处)	10	尺寸每处2分、总长5分 超差不得分			
	3	倒角	$C2$(三处)、$C1$、毛刺	10	不合格全扣			
	4	表面粗糙度		10	每处差一级扣1分			
程序与工艺 (25分)	5	程序正确、完整		6	不合理每处扣1分			
	6	程序格式规范		5	不合理每处扣1分			
	7	工艺合理		5	不合理每处扣1分			
	8	程序参数选择合理		4	不合理每处扣1分			
	9	指令选用合理		5	不合理每处扣1分			
机床操作 (17分)	10	零件装夹合理		3	不合理每处扣1分			
	11	刀具选择及安装正确		3	不合理每处扣1分			
	12	机床面板操作正确		4	不合理每处扣1分			
	13	意外情况处理合理		3	不合理每处扣1分			
	14	对刀及坐标系设定正确		4	不合理每处扣1分			
文明生产 (8分)	15	安全操作		4	违反操作规程全扣			
	16	机床整理		4	不合格全扣			
记录员		监考员			检验员		考评员	

4.6 职业技能鉴定指导

4.6.1 知识技能复习要点

① 简述粗车零件时刀具磨损的控制方法。
② 简述根据 ISO 标准，取消刀具半径补偿功能的方法。
③ 简述刀具半径补偿中，G41 代表的含义。

4.6.2 理论复习题

(1) 选择题
① G00 指令移动速度值是（　　）。
A. 数控程序指定　　　　　　B. 机床参数指定
C. 操作面板指定　　　　　　D. 不能指定
② 下列 G 指令中，（　　）是非模态指令。
A. G00　　　B. G01　　　C. G03　　　D. G04
③（　　）指令使主轴启动反转。
A. M03　　　B. M02　　　C. M04　　　D. M05
④ 数控机床中，转速功能 S 指定的是（　　）。
A. mm/min　　B. mm/r　　C. r/min　　D. r/mm
⑤ 辅助功能中与主轴有关的 M 指令是（　　）。
A. M05　　　B. M06　　　C. M08　　　D. M09

(2) 判断题
① 前置刀架和后置刀架的数控车床加工同一圆弧时对圆弧顺逆的判断结果是一样的。（　　）
② G01 指令和 G00 指令的运行轨迹都是一条从起点到终点的直线。（　　）
③ G01 指令进行直线插补时，刀具移动的速度是程序中的 F 参数指定的，并可以通过数控机床操作面板的"进给修调"来调整。（　　）
④ G 代码可以分为模态 G 代码和非模态 G 代码。（　　）
⑤ 利用车刀刀尖圆弧半径补偿可以提高锥面的加工精度。（　　）

项目5 圆弧零件的加工

5.1 项目导入

如图 5-1 所示为一圆弧零件，毛坯为 40mm×90mm，材料为 45 钢，生产类型为单件或小批量生产，无热处理工艺要求。试设定工件坐标系，制订加工工艺方案，选择合理的刀具和切削工艺参数，正确编制数控加工程序并完成零件的加工。

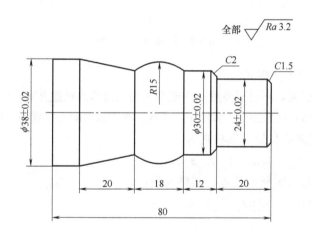

图 5-1 圆弧零件

5.2 项目分析

本零件加工内容包括外圆、阶台、圆锥、圆弧面等，各尺寸精度要求一般，表面粗糙度全部为 $Ra3.2\mu m$。圆弧面的加工在普通车床上难度较大（尤其是大圆弧车削），而在数控车床上将变得很简单，需用到圆弧加工指令 G02 或 G03。此零件外形起伏变化较大，不符合单调变化规律，因此不能用轴向粗车循环指令 G71 编程加工，而应选择适合本零件外形变化的编程加工指令，即封闭切削循环指令 G73 加工。加工 R15mm 圆弧时应选择合适的刀具，防止发生干涉现象。零件上各点坐标值明确，无需计算。

5.3 知识准备

5.3.1 圆弧插补指令

圆弧插补指令是命令刀具在指定平面内按给定的F进给速度做圆弧运动，切削出圆弧轮廓。

(1) 圆弧顺逆的判断

圆弧插补指令分为顺时针圆弧插补指令G02和逆时针圆弧指令G03。数控车床是两坐标的机床，只有X轴和Z轴，因此，按右手定则的方法考虑Y轴进出方向，然后观察者从Y轴的正方向向Y轴的负方向看去，即可正确判断出圆弧的顺逆了，如图5-2所示。

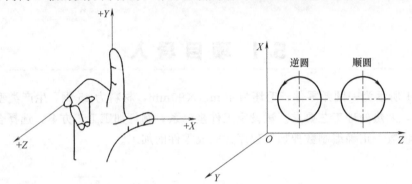

图5-2 圆弧顺逆的判断

(2) G02、G03指令的格式

在车床上加工圆弧时，不仅需要用G02或G03指出圆弧的顺逆方向，用X(U)，Z(W)指定圆弧的终点坐标，而且还要指定圆弧的中心位置。常用指定圆心位置的方法有两种。

① 用I、K指定圆心位置，其格式为：

(G02 G03) X(U)_ Z(W)_ I_ K_ F_ ;

② 用圆弧半径R指定圆心位置，其格式为：

(G02 G03) X(U)_ Z(W)_ R_ F_ ;

注意事项：

① 以上格式中G02为顺圆插补，G03为逆圆插补。

② 采用绝对值编程时，用X、Z表示圆弧终点在工件坐标系中的坐标系；采用增量值编程时，用U、W表示圆弧终点相对于圆弧起点的增量值。

③ 圆心坐标I、K为圆弧起点到圆弧中心所作矢量分别在X、Z轴方向上的分矢量（矢量方向指向圆心）。本系统的I、K为增量坐标，当分矢量方向与坐标轴的方向一致时为"+"号，反之为"-"号。

④ 用半径R指定圆心位置时，由于在同一半径R的情况下，从圆弧的起点到终点有两个圆弧的可能性，因此，在编程时规定圆心角小于或等于180°的圆弧R值为正，圆心角大于180°的圆弧R值为负。

⑤ 程序段中同时给出I、K和R值，以R值优先，I、K无效。

⑥ G02、G03用半径指定圆心位置时，不能描述整圆，只能使用分矢量编程。

记一记：

（3）编程举例

【例5-1】 顺时针圆弧插补，如图5-3所示。

方法一：用I、K表示圆心位置。

① 绝对值编程

...

N05 G00 X20.0 Z2.0;

N10 G01 Z-30.0 F80;

N15 G02 X40.0 Z-40.0 I10.0 K0 F60;

...

② 增量值编程

...

N05 G00 U-80.0 W-98.0;

N10 G01 U0 W-32.0 F80;

N15 G02 U20.0 W-10.0 I10.0 K0 F60;

...

方法二：用R表示圆心位置。

...

N50 G00 X20.0 Z2.0;

N10 G01 Z30.0 F80;

N15 G02 X40.0 Z-40.0 R10.0 F60;

...

【例5-2】 逆时针圆弧插补，如图5-4所示。

图5-3 顺时针圆弧插补　　　　图5-4 逆时针圆弧插补

方法一：用I、K表示圆心位置。

① 绝对值编程

项目5 圆弧零件的加工　73

...
N05 G00 X28.0 Z2.0;
N10 G01 Z-40.0 F80;
N15 G03 X40.0 Z-46.0 I0 K-6.0 F60;
...

② 增量值编程
...
N05 G00 U-150.0 W-98.0;
N10 G01 W-42.0 F80;
N15 G03 U12.0 W-6.0 I0 K-6.0 F60;
...

方法二：用 R 表示圆心位置。
...
N05 G00 X28.0 Z2.0;
N10 G01 Z-40.0 F80;
N15 G03 X40.0 Z-46.0 R6.0 F60;
...

(4) 数控车床中圆弧的加工方法

① 车锥法　在车圆弧时，从工艺上不可能用一刀就把圆弧车好，因为这样一来吃刀量太大，容易打刀，所以可以先车一个圆锥，再车圆弧。这就需要确定车锥的起点和终点，其方法如图 5-5 所示，连接 OC 交圆弧于 D，过 D 点作圆弧的切线 AB，由图可知 $OC=\sqrt{2}R$，$CD=\sqrt{2}R-R=0.414R$，$AC=BC=0.586R$，即车锥时，加工路线不能超过 AB 线。

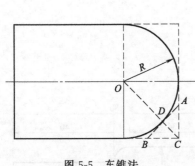

图 5-5　车锥法

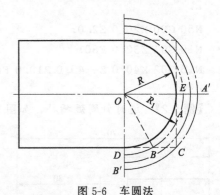

图 5-6　车圆法

② 车圆法　车圆法就是用不同半径的圆弧来车削，最终达到加工要求，如图 5-6 所示。起刀点 A 和终点 B 的确定方法：连接 OA、OB，则此时的圆弧 $R_1=OA=OB$，$BD=AE=\sqrt{R_1^2-R^2}$，$BC=AC=R-\sqrt{R_1^2-R^2}$，每刀长 $L=\sqrt{2}R-R/P$（P 为分刀次数）。

5.3.2　内、外复合形状多重固定循环加工指令

该指令应用于非一次走刀即能完成加工的场合，要在粗车和多次走刀切螺纹的情况下使用。利用复合固定循环功能，只编写出最终走刀路线，给出每次切除余量或循环次数，机

床即可自动完成重复切削直至加工完毕。下面介绍它的几种主要方式。

(1) G71 外圆粗车循环指令

适用于切除棒料毛坯的大部分加工余量，其格式为：

G71 U(Δd) R(e);

G71 P(ns) Q(nf) U(Δu) W(Δw) F_ S_ T_;

其中：

  Δd——每次切削深度（半径值给定），不带符号，切削方向决定于 ΔAA′方向，该值是模态值；

  e——退刀量，其值为模态值；

  ns——循环中的第一个程序号；

  nf——循环中的最后一个程序号；

  Δu——径向（X）的精车余量；

  Δw——轴向（Z）的精车余量；

F，S，T——粗加工循环中的进给速度、主轴转速与刀具功能。

如图 5-7 所示为用 G71 粗车外圆的走刀路线。图中 C 点为起刀点，A 点是毛坯外径与端面轮廓的交点。Δw 为轴向的精车余量，Δu/2 是径向的精车余量，Δd 是切削深度，e 是粗加工中 F 值与 S 值，该值一经给定，则在程序段段号"ns"和"nf"之间所有的 F 值和 S 值均无效。另外，该值也可以不加指定而沿用前面程序段中的 F 值，并可沿用至粗、精加工结束后的程序中去。而 (ns) 至 (nf) 程序中指定的 F、S、T 是对精车循环有效。

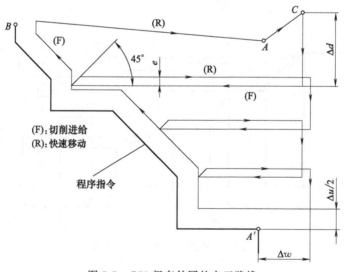

图 5-7　G71 粗车外圆的走刀路线

当上述程序指令的工件内径轮廓时，G71 就自动成为内径粗车循环，此时径向精车余量 Δu 应指定为负值。下面就数值的符号，提供 4 种切削模式（所有这些切削循环都平行于 Z 轴）。U 和 W 的符号如图 5-8 所示，其中 A 和 A′之间的刀具轨迹是在包含 G00 或 G01 顺序号为"ns"的循环第一个程序段中指定，但是在这个程序段中，不能指定 Z 轴的运动指令。A′和 B 之间的刀具轨迹在 X 和 Z 方向必须逐渐增加或减少。当 A 和 A′之间的刀具轨迹用 G00 或 G01 编程时，沿 AA′的切削是在 G00 还是 G01 方式，由 A 和 A′之间的指令决定。

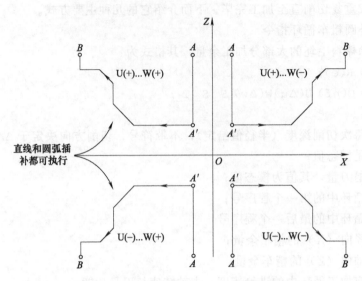

图 5-8 G71 粗车循环时 U、W 数值的符号

【例 5-3】 图 5-9 所示为棒料毛坯的加工示意图。粗加工切削深度为 7mm，进给量为 0.3mm/r，主轴转速为 500r/min；精加工余量为 X 向 4mm（直径上），Z 向 2mm，进给量为 0.15mm，主轴转速为 800r/min，程序起点如图 5-9 所示。其加工程序如下：

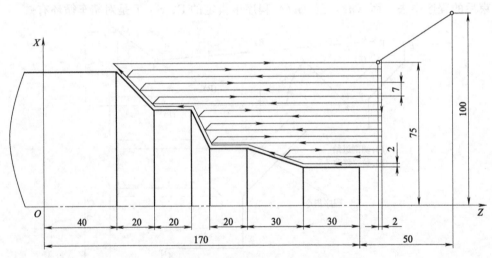

图 5-9 外圆粗车循环 G71 实例

```
N05 G50 X200.0 Z220.0;
N10 G00 X160.0 Z180.0 M03 S800;
N15 G71 U7.0 R1.0;
N16 G71 P20 Q50 U4.0 W2.0 F0.30 S500;
N20 G00 X40.0 S800;
N25 G01 W-40.0 F0.15;
N30 X60.0 W-30.0;
N35 W-20.0;
```

```
N40 X100.0 W-10.0;
N45 W-20.0;
N50 X140.0 W-20.0;
N55 G70 P20 Q50;
N60 G00 X200.0 Z220.0;
N65 M05;
N70 M30;
```

(2) G73 固定形状粗车循环指令

它适用于毛坯轮廓形状与零件轮廓形状基本接近的铸、锻毛坯件，其格式为：

G73 U(Δi) W(Δk) R(d);

G73 P(ns) Q(nf) U(Δu) W(Δw) F_ S_ T_ ;

其中：

Δi——X 轴方向退刀量的距离和方向（半径值指定），该值是模态值；

Δk——Z 轴方向退刀量的距离和方向，该值是模态值；

d——分层次数，此值与粗切重复次数相同，该值是模态值；

ns——循环中的第一个程序号；

nf——循环中的最后一个程序号；

Δu——径向（X）的精车余量；

Δw——轴向（Z）的精车余量；

F、S、T——粗加工循环中的进给速度、主轴转速与刀具功能。

其走刀路线如图 5-10 所示。执行 G73 功能时，每一刀切削路线的轨迹形状是相同的，只是位置不同。每走完一刀，就把切削轨迹向工件移动一个位置，这样就可以将铸件待加工表面分布比较均匀的切削余量分层切去。

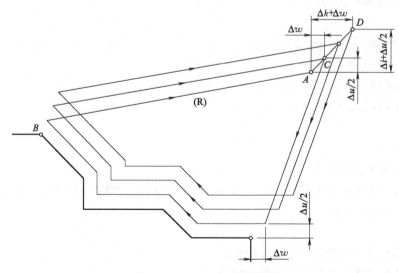

图 5-10　G73 指令走刀路线

G73 循环主要用于车削固定轨迹的轮廓。这种复合循环，可以高效地切削铸造成形、锻造成形或已粗车成形的工件。对不具备似成形条件的工件，如采用 G73 进行编程与加工,则反而会增加刀具在切削过程中的空行程,而且也不便计算粗车余量。

G73 程序段中,"ns"所指程序段可以向 X 轴或 Z 轴的任意方向进刀。因此 G73 循环加工的轮廓形状,没有单调递增或单调递减的形式的限制。

【例 5-4】 如图 5-11 所示,设粗加工分为三刀进行,第一刀后余量(X 和 Z 向)均为单边 14mm,三刀过后,留给精加工的余量 X 向(直径上)为 4.0mm,Z 向为 2.0mm;粗加工进给量为 0.3mm/r,主轴转速为 500r/min;精加工进给量为 0.15mm/r,主轴转速为 800r/min。其加工程序如下:

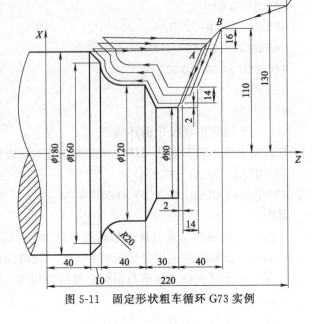

图 5-11 固定形状粗车循环 G73 实例

  N05 G50 X260.0 Z220.0;
  N10 G00 X220.0 Z160.0 M03 S800;
  N15 G73 U14.0 W14.0 R3.0;
  N16 G73 P20 Q45 U4.0 W2.0 F0.30 S500;
  N20 G00 X80.0 W-40.0 S800;
  N25 G01 W-20.0 F0.15;
  N30 X120.0 W-10.0;
  N35 W-20.0;
  N40 G02 X160.0 W-20.0 R20.0;
  N45 G01 X180.0 W-10.0;
  N50 G70 P20 Q45;
  N55 G00 X260.0 Z220.0;
  N60 M05;
  N65 M30;

(3) G70 精车循环指令

当用 G71、G73 粗车工件后,用 G70 来指定精车循环,切除粗加工的余量,其格式为:

G70 P(ns) Q(nf);

其中:

ns——精车循环中的第一个程序段号;

nf——精车循环中的最后一个程序段号。

在精车循环 G70 状态下,(ns)至(nf)程序中指定的 F、S、T 有效;如果(ns)至(nf)程序中不指定 F、S、T,粗车循环中指定的 F、S、T 有效,其编程方法见上述几例。在使用 G70 精车循环时,要特别注意快速退刀路线,防止刀具与工件发生干涉。

记一记：

5.4 项目实施

5.4.1 加工工艺设计

(1) 零件的装夹

工件伸出较长，使用一夹一顶装夹或使用毛坯长度可供装夹。

(2) 选择刀具

该零件因结构简单，工件材料45钢，尺寸精度和表面粗糙度要求不高，选择焊接或可转位90°外圆车刀，材料为YT1。制订刀具卡片，见表5-1。

表5-1 数控加工刀具卡片

产品名称或代号：			零件名称：台阶抽			零件图号：
序号	刀具号	刀具规格及名称	材质	数量	加工表面	备注
1	T01	35°外圆车刀	YT15	1	粗精车外圆、圆弧面	R0.2
2	T02	90°外圆车刀	YT15	1	粗精车端面	R0.2
编制：			审核：			

(3) 确定加工工艺

以零件轴线与右端面交点为零件编程坐标系原点，从右到左加工，工艺路线安排如下。

① 三爪自定心卡盘夹持工件一端，伸出长度8mm左右，车削零件右端面，打中心孔。

② 一夹一顶装夹，粗精车零件外轮廓。

③ 调头取总长。

制订加工工艺卡片，见表5-2。

表5-2 数控加工工艺卡片

零件名称：圆弧零件		零件图号：		工件材质：45钢	
工序号	程序编写	夹具名称	数控系统	车间	
1	O0001	三爪自定心卡盘	FANUC 0i		
工步号	工步内容	刀具号	主轴转速 /(r/min)	进给量 /(mm/r)	背吃刀量 /mm	备注
1	车右端面	T01	600	0.2	1	自动
2	粗车外圆及圆弧面	T01	700	0.3	1.5	自动
3	精车外圆及圆弧面	T01	1000	0.15	0.2	自动
4	车左端面	T02	500	0.1	2	自动
编制：		审核：		批准：		

项目5 圆弧零件的加工

记一记：

5.4.2 加工程序的编写

使用 G73 切削循环指令在表 5-3 中加工图 5-1 程序内容。

表 5-3 台阶轴编写程序（G73）

加工程序	程序说明
%	
O0001	程序名
TO101 MO3 S600 F0.2;	主轴正转，转速 600r/min，选择 1 号刀位 1 号刀补
G00 X45. Z2.;	1 号刀具快速移动到达循环起点
G73 U17.0 R9;	G73 复合循环粗车外圆
G73 P10 Q20 U0.2 W0.001 S700 F0.3	
N10 G01 X21. F0.3;	
Z0;	
X24. Z−1.5;	
Z−20.;	
X26.;	
X30. Z−22.;	
Z−32.;	外圆精加工程序，转速为 1000r/min
G03 X30. Z−50. R15.;	
G01 X38. Z−70.;	
Z−80.;	
N20 G01 X45.;	
G70 P10 Q20 F0.15 S1000;	
G00 X100. Z100.;	
M05;	主轴停止
M30;	程序结束，光标返回程序头

记一记：

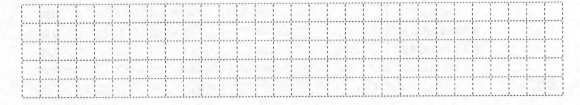

5.4.3 宇龙仿真模拟加工

对图 5-1 所示零件进行模拟加工的操作步骤如下。

(1) 定义毛坯

单击工具栏定义毛坯按钮![img],设置图 5-12 所示的毛坯尺寸。

(2) 定义刀具

定义刀具如表 5-4 所示。

单击工具栏上的选择刀具按钮![img],将表 5-4 所示的刀具安装在对应的刀位。安装刀具时先选择刀位,再依次选择刀片、刀柄等,完成安装,如图 5-13 所示。

(3) 安装并移动工件装卡位置

单击工具栏上的放置零件按钮![img],弹出"选择零件"窗口;选择前面定义的毛坯,单击"安装零件"按钮以确认退出"零件选择"窗口,弹出移动工件按钮,如图 5-14 所示。单击![img]按钮,将零件向右移动到最远的位置,如图 5-15 所示,每次移动一次,位移为 10mm。

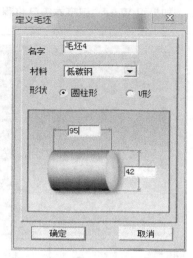

图 5-12 定义毛坯

表 5-4 刀具参数

刀位号	刀片类型	刀片角度/(°)	刀柄	刀尖半径/mm
1	菱形刀片	35	93°正偏刀	0.2
2	菱形刀片	90	93°正偏刀	0.2

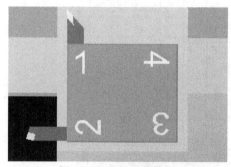

图 5-13 刀具安装结果

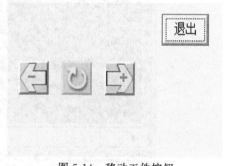

图 5-14 移动工件按钮

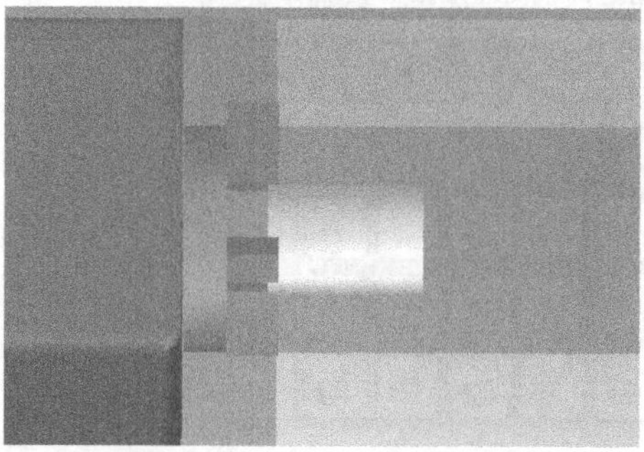

(4) 编辑与导入程序

如果加工程序需要在数控系统中直接编辑,则需要新建程序。

首先单击![img]按钮,进入编辑模式,单击![img]键进入新建程序窗口,如图 5-16 所示。

然后在缓冲区输入程序号"O0001",单击![img]键新建程序,每编辑一段数控加工程序,单击一次![img]键换行。

图 5-15 工件装卡位置

如果用 Word、记事本等已将程序编辑并保存，这时只需要将程序导入数控系统中即可。

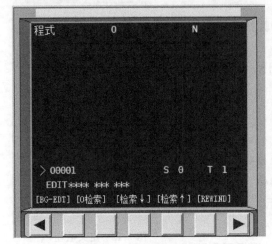

图 5-16　新建程序窗口

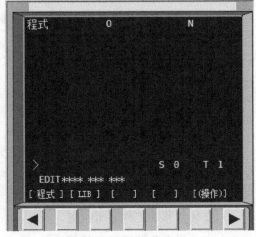

图 5-17　程序管理窗口

首先单击 按钮，进入编辑模式，单击 键进入程序管理窗口，如图 5-17 所示。

然后单击菜单软件[（操作）]，进入该命令下级菜单；单击 ▶ 翻页，单击菜单软件 [READ]；单击工具栏上的 图标，弹出文件选择窗口，将文件目录浏览到保存目录，然后打开，在缓冲区输入程序编号；单击菜单软件 [EXEC]，这样就将程序导入数控系统中了。导入结果如图 5-18 所示。

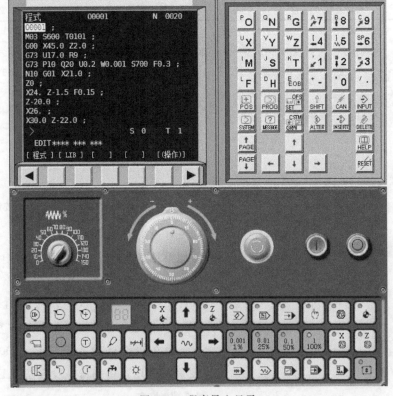

图 5-18　程序导入显示

（5）对刀

对 1 号刀进行对刀。

① 工件试切。单击 按钮，将机床设置为返回原点模式，单击 和 按键，机床刀架台返回原点位置。

单击 按钮，将机床设置为手动模式。单击 按钮，按下 快速按钮，使机床以叠加速度沿机床 Z 方向负方向快速移动，按住 按钮，按下 快速按钮，使刀具沿机床 X 方向负方向靠近工件移动； 按键和 按键分别是机床 Z 和 X 方向正方向，即为远离工件方向。当刀具靠近工件时取消快速按钮，单击 主轴正转按钮，启动主轴。

X 方向对刀：试切工件直径，然后使刀具沿试切圆柱面退刀。

② 试切尺寸测量。单击按钮，停止主轴旋转，单击菜单软键［测量］，执行"剖面图测量"命令，弹出图 5-19 所示提示界面。

图 5-19 半径测量提示界面

选择"否"按钮，进入测量窗口，如图 5-20 所示。

在剖面图上单击刚试切的圆柱面，系统会自动测量试切圆柱面的直径和长度，测量结果会高亮显示出来，本例试切直径结果为 31.100，长度为 −16.417。

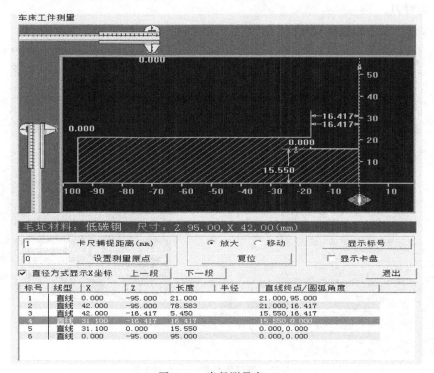

图 5-20 半径测量窗口

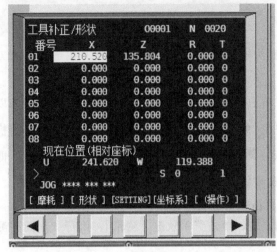

图 5-21 刀偏设置窗口

③ 设置刀偏。因为程序中使用 T 指令调用工件坐标系,所以应该用 T 指令对刀。

单击 按键,再单击菜单软键 [形状] 进入刀偏设置窗口,如图 5-21 所示。

使用 ↑ ↓ ← → 键,将光标移动到 "01" 刀补,在缓冲区输入 "X31.100",单击菜单软键 [测量],系统计算出 X 方向刀偏,在缓冲区输入 "Z-16.417",单击菜单软键 [测量],系统计算出 Z 方向刀偏。

小提示:

刀具对刀方式大体相同,具有刀尖半径补偿的刀具应将刀具半径补偿填写到刀偏设置窗口中对应刀补位 R 中。

(6) 自动运行程序

单击 按钮,将机床设置为自动运行模式。

单击工具栏上的 " " 图标以显示俯视图,单击 键,在机床模拟窗口进行程序校验。

单击 按钮,设置为单段运行有效,再单击 按钮,使选择性程序停止功能有效。这样,程序执行到 "M01" 指令时将自动停止,因为零件还需要掉头并再次保证总长,所以需要再次 Z 向对刀。

单击操作面板上的循环启动按钮,程序开始执行。加工结果如图 5-22 所示。

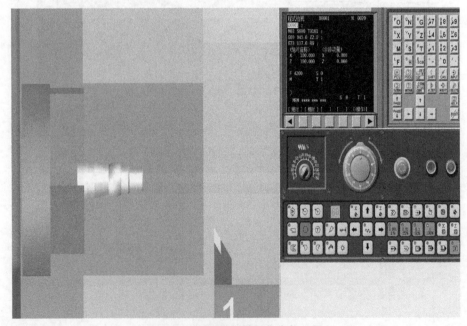

图 5-22 圆弧零件模拟仿真加工图

记一记：

5.4.4 实际加工

(1) 工件与刀具的安装

工件装夹在自定心卡盘上，一夹一顶，装夹要牢固。车刀安装时不宜伸出过长，刀尖高度应与机床中心等高，避免锥度误差。

(2) 程序的键入

有手动键入或者程序导入两种方法。

(3) 对刀并输入刀补值

车刀分别试车工件外圆和端面，测量后输入对应的刀补值，对刀结束。

(4) 数控加工与精度控制

① 数控加工 首件加工应单段运行，通过机床控制面板上的【倍率选择】按钮修正加工参数，然后自动运行加工，当程序暂停时可以对加工尺寸检测，以保证精度要求。

② 精度控制 加工过程中，各尺寸精度都要保证在公差范围之内，如出现误差可采用刀补修正法进行修正。

(5) 零件检测

① 修整工件，去毛刺等。

② 尺寸精度检测。深度游标卡尺测量阶台尺寸 12mm、20mm，用外径千分尺检测 (38 ± 0.02)mm、(30 ± 0.02)mm、(24 ± 0.02)m 外圆尺寸，用游标卡尺测量其他总长、阶台、锥面各部分尺寸，用圆弧样板检测圆弧。

③ 表面质量检测。用粗糙度样板对比检测零件加工表面质量。

记一记：

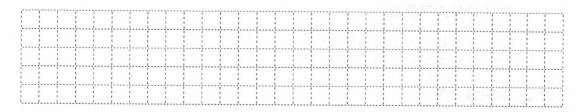

5.5 任务评价

圆弧零件评分标准见表 5-5。

表 5-5 圆弧零件评分标准

姓名			零件名称	台阶轴	时间	60min	总得分	
项目	序号	检查内容		配分	评价标准		检测记录	得分
零件加工（50分）	1	外圆尺寸	$\phi 38mm \pm 0.02mm$、$\phi 30mm \pm 0.02mm$、$\phi 24mm \pm 0.02m$	15	每处5分 超差不得分			
	2	长度尺寸	80mm、20mm（两处）、18mm、12mm	10	尺寸每处2分、总长5分，超差不得分			
	3	圆弧 $R15$		8	超差不得分			
	4	圆锥 $\phi 30$、锥度		4	超差不得分			
	5	倒角 $C2$、$C1.5$、去毛刺		5	不合格全扣			
	6	表面粗糙度		8	每处差一级扣1分			
程序与工艺（25分）	7	程序正确、完整		6	不合理每处扣1分			
	8	程序格式规范		5	不合理每处扣1分			
	9	工艺合理		5	不合理每处扣1分			
	10	程序参数选择合理		4	不合理每处扣1分			
	11	指令选用合理		5	不合理每处扣1分			
机床操作（17分）	12	零件装夹合理		3	不合理每处扣1分			
	13	刀具选择及安装正确		3	不合理每处扣1分			
	14	机床面板操作正确		4	不合理每处扣1分			
	15	意外情况处理合理		3	不合理每处扣1分			
	16	对刀及坐标系设定正确		4	不合理每处扣1分			
文明生产（8分）	17	安全操作		4	违反操作规程全扣			
	18	机床整理		4	不合格全扣			
记录员		监考员		检验员			考评员	

5.6 职业技能鉴定指导

5.6.1 知识技能复习要点

① 简述数控车床 G02、G03 的使用方法。
② 简述数控车床 G71、G70 的使用方法。

5.6.2 理论复习题

(1) 选择题
① G71 是（　　）指令。
A. 粗加工　　　B. 精加工　　　C. 粗加工和精加工　　　D. 半精加工
② G71 指令中的 U（Δd）指定的是（　　）。

A. 每次切削进刀量的半径值　　　B. 每次切削进刀量的直径值
C. 每次切削退刀量的半径值　　　D. 每次切削退刀量的直径值
③ 进给功能字 F 后的数字默认表示（　　）。
A. 每分钟进给量　　　　　　　　B. 每秒钟进给量
C. 每转进给量　　　　　　　　　D. 螺纹螺距
④ G71 指令中的 X（$\triangle x$）表示（　　）。
A. X 轴终点坐标　　　　　　　　B. X 轴精加工余量
C. X 轴进给　　　　　　　　　　D. X 轴起点坐标
⑤ 复合固定循环 G71 程序段中的 F、S、T，只对（　　）循环时有效。
A. 粗加工　　　B. 精加工　　　C. 超精加工　　　D. 半精加工

(2) 判断题
① 华中数控车床的 X 轴相对坐标表示为 U。　　　　　　　　　　　（　　）
② 循环指令可以简化编程，但不能简化加工过程。　　　　　　　　（　　）
③ G71 指令执行结束后，刀具会回到循环起点。　　　　　　　　　（　　）
④ G71 是粗加工指令，其轨迹与精加工路径无关。　　　　　　　　（　　）
⑤ 程序段 G71 U（$\triangle d$）R(r) P(ns) Q(nf) R(r) X(Δx) Z(Δz) F(f) S(s) T(t) 中，nf 表示精加工路径的第一个程序段顺序号。　　　　　　　　　　（　　）

项目6 轴套类零件的加工

6.1 项目导入

实际生产中，套类零件中的孔一般有直孔、锥孔、阶梯孔、通孔、盲孔等形式，它们的加工、测量均比轴类零件困难。如图 6-1 所示为一轴套零件，毛坯为 40mm×60mm，材料为 45 钢，生产类型为单件或小批量生产，无热处理工艺要求，试正确设定工件坐标系，制订加工工艺方案，选择合理的刀具和切削工艺参数，正确编制数控加工程序并完成零件的加工。

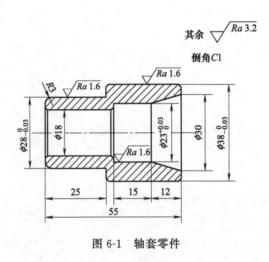

图 6-1 轴套零件

6.2 项目分析

此零件除孔 $\phi 23^{+0.03}_{\ \ 0}$ mm 及外圆 $\phi 28^{\ \ 0}_{-0.03}$ mm、$\phi 38^{\ \ 0}_{-0.03}$ mm 有较高的精度要求外，其他内容精度要求一般，表面粗糙度三个精度尺寸为 $Ra1.6\mu m$，其余为 $Ra3.2\mu m$，内孔结构较为简单，注意保证精度要求即可。该零件内孔尺寸变化不大，若用 G00、G01 指令编程加工，会使程序变得冗长，编程容易出错，因此可用循环指令 G90、G71 进行编程加工以简化程序。

6.3 知识准备

6.3.1 程序编制的基本概念

（1）孔加工刀具

孔加工刀具按其用途可分为两大类。

一类是在实心材料上钻孔（有时也用于扩孔）。根据构造及用途不同，可分为麻花钻、扁钻、中心钻及深孔钻等，如图 6-2 所示。

图 6-2 麻花钻、中心钻

另一类是对已有孔进行再加工的刀具，如车孔刀、扩孔钻及铰刀等。车孔刀分通孔和盲孔两种。通孔车刀的主偏角小于 90°，增加刀尖强度；为了车平孔底，盲孔车刀主偏角大于 90°，如图 6-3 所示。

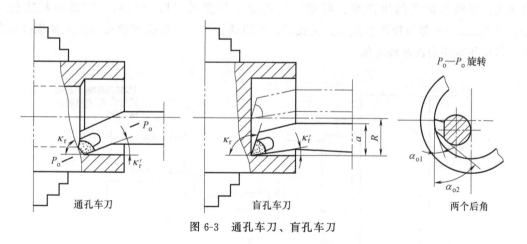

图 6-3 通孔车刀、盲孔车刀

（2）孔加工刀具的选择

车孔刀具的选择，主要是要保证刀杆的刚度，要尽量防止或消除振动。其考虑要点如下。

① 尽可能选择大的刀杆直径，接近内孔直径。

② 尽可能选择短的刀杆（工作长度），当工作长度小于 4 倍刀杆直径时可用钢制刀杆，加工要求高的孔时最好采用硬质合金制作刀杆；当工作长度为 4～7 倍刀杆直径时，小孔用

硬质合金制作刀杆，大孔用减振刀杆；当工作长度为 7～10 倍刀杆直径时，要采用减振刀杆。

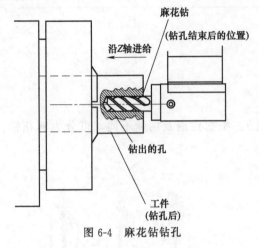

图 6-4 麻花钻钻孔

③ 选择主偏角（切入角 κ）大于 75°，接近 90°。

④ 选择无涂层的刀片品种（刀刃圆弧小）和小的刀尖半径（γ_e=0.2mm）。

⑤ 精加工采用大前角的刀片和刀具，粗加工采用小前角的刀片和刀具。

⑥ 镗深的盲孔时，采用压缩空气或切削液排屑和冷却。

⑦ 选择正确的快速的刀柄夹具。

(3) 数控车床上孔加工工艺

很多零件如齿轮、轴套、带轮等，不仅有外圆柱面，而且有内圆柱面，在车床上加工内结构加工方法有钻孔、扩孔、铰孔、车孔等加工方法，其工艺适应性都不尽相同。应根据零件内结构尺寸以及技术要求的不同，选择相应的工艺方法。

① 麻花钻钻孔　如图 6-4 所示，钻孔常用的刀具是麻花钻头（用高速钢制造），孔的主要工艺特点如下。

钻头的两个主刀刃不易磨得完全对称，否则切削时受力不均衡；钻头刚性较差，钻孔时钻头容易发生偏斜。通常麻花钻头钻孔前，用刚性好的钻头，如用中心孔钻钻一个小孔，用于引正麻花钻开始钻孔时的定位和钻削方向。麻花钻头钻孔时切下的切屑体积大，钻孔时排屑困难，产生的切削热大而冷却效果差，使得刀刃容易磨损，因而限制了钻孔的进给量和切削速度，降低了钻孔的生产率。可见，钻孔加工精度低（IT2～13）、表面粗糙度值大（$Ra12.5\mu m$），一般只能作粗加工。钻孔后，可以通过扩孔、铰孔或镗孔等方法来提高孔的加工精度和减小表面粗糙度值。

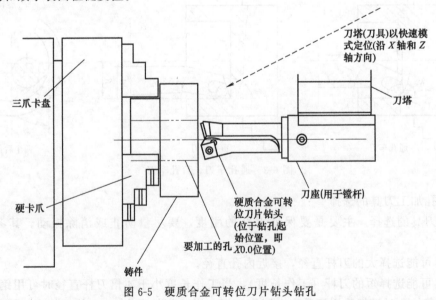

图 6-5　硬质合金可转位刀片钻头钻孔

② 硬质合金可转位刀片钻头钻孔　如图 6-5 所示，CNC 车床通常也使用硬质合金可转位刀片钻头。可转位刀片的钻孔速度通常要比高速钢麻花钻的钻孔速度高很多。刀片钻头适用于钻孔直径范围为 16～80mm 的孔。刀片钻头需要较高的功率和高压冷却系统。如果孔的公差要求小于 ±0.05，则需要增加镗孔或铰孔等第二道孔加工工序，使孔加工到要求的尺寸。用硬质合金可转位刀片钻头钻孔时不需要钻中心孔。

③ 扩孔　扩孔是用扩孔钻对已钻或铸、锻出的孔进行加工，扩孔时的背吃刀量为 0.85～4.5mm，切屑体积小，排屑较为方便。因而扩孔钻的容屑槽较浅而钻心较粗，刀具刚性好；扩孔能修正孔轴线的歪斜，扩孔钻无端部横刃，切削时轴向力小，因而可以采用较大的进给量和切削速度。扩孔的加工质量和生产率比钻孔高，加工精度可达 IT10，表面粗糙度值为 $Ra6.3～2.2\mu m$。采用镶有硬质合金刀片的扩孔钻，切削速度可以提高 2～3 倍，大大地提高了生产率。扩孔常常用作铰孔等精加工的准备工序；也可作为要求不高孔的最终加工。

④ 铰孔　铰孔是孔的精加工方法之一，铰孔的刀具是铰刀。铰孔的加工余量小（粗铰为 0.15～0.35mm，精铰为 0.05～0.15mm），铰刀的容屑槽浅，刚性好，刀刃数目多（6～12 个），导向可靠性好，刀刃的切削负荷均匀。铰刀制造精度高，其圆柱校准部分具有校准孔径和修光孔壁的作用。铰孔时排屑和冷却润滑条件好，切削速度低（精铰 2～5m/min），切削力、切削热都小，并可避免产生积屑瘤。因此，铰孔的精度可达 IT6～IT8；表面粗糙度值为 $Ra1.6～0.4\mu m$。铰孔的进给量一般为 0.2～1.2mm/r，约为钻孔进给的 3～4 倍，可保证有较高的生产率。铰孔直径一般不大于 80mm。铰孔不能纠正孔的位置误差，孔与其他表面之间的位置精度，必须由铰孔前的加工工序来保证。

⑤ 镗孔　镗孔一般用于将已有孔扩大到指定的直径，可用于加工精度、直线度及表面精度均要求较高的孔。镗孔主要优点是工艺灵活、适应性较广。一把结构简单的单刃镗刀，既可进行孔的粗加工，又可进行半精加工和精加工。加工精度范围为 IT10 以下至 IT7～IT6；表面粗糙度值 Ra 为 $12.5\mu m$ 至 $0.8～0.2\mu m$。镗孔还可以校正原有孔轴线歪斜或位置偏差。镗孔可以加工中、小尺寸的孔，更适于加工大直径的孔。

镗孔时，单刃镗刀的刀头截面尺寸要小于被加工的孔径，而刀杆的长度要大于孔深，因而刀具刚性差。切削时在径向力的作用下，容易产生变形和振动，影响镗孔的质量。特别是加工孔径小、长度大的孔时，更不如铰孔容易保证质量。因此，镗孔时多采用较小的切削用量，以减小切削力的影响。

小提示：

由于内孔车刀的刀体强度较差，在选择切削用量时，应适当减小其数值。总的来说，内孔车刀的切削用量主要根据其截面尺寸、刀具材料、工件材料以及加工性质等因素来选择，刀杆截面尺寸大的切削用量选得大些，硬质合金内孔车刀比高速钢内孔车刀选用的切削用量要大，车塑性材料时的切削速度比车脆性材料时的切削速度要高，而进给量要略小一些。

(4) 数控车床上孔加工编程

中心线上钻、扩、铰孔加工编程。车床上的钻、扩、铰加工时，刀具在车床主轴中心线上加工。即 X 值为 0。

① 主运动模式　CNC 车床上所有中心线上孔加工的主轴转速都以 G97 模式，即每分钟的实际转数（r/min）来编写，而不使用恒定表面速度模式（CSS）。

② 刀具趋近运动工件的程序段　首先将 Z 轴移动到安全位置，然后移动 X 轴到主轴中

心线，最后将 Z 轴移动到钻孔的起始位置。这种方式可以减小钻头趋近工件时发生碰撞的可能性。

```
N36 T0200 M42;
N37 G97 S700 M03;
N38 G00 Z5 M08;
N39 X0;
N40…
```

③ 刀具切削和返回运动

```
N40 G01 Z-30 F30;
N41 G00 Z2;
```

程序段 N40 为钻头的实际切削运动，切削完成后执行程序段 N41，钻头将 Z 向退出工件。

刀具返回运动时，从孔中返回的第一个运动总是沿 Z 轴方向的运动。

④ 啄式钻孔循环（深孔钻循环）

G74 R(e);

G74 X(U) Z(W) P(Δi) Q(Δk) R(Δd) F_ S_ T_;

其中：

  e——每次沿 Z 方向切削 $\triangle k$ 后的退刀量；

  X——切削循环终点 X 方向的绝对坐标值；

  U——切削循环终点与循环起点在 X 轴上的相对值；

  Z——切削循环终点 Z 方向的绝对坐标值；

  W——切削循环终点与循环起点在 Z 轴上的相对值；

  Δi——x 方向的每次循环移动量（无正负），半径值指定，单位为 μm；

  Δk——沿径向的每次循环移动量（无正负），单位为 μm；

  Δd——切削到终点时 X 方向的退刀量（半径值）；

  F——切削进给速度；

  S——主轴转速；

  T——刀具号、刀具偏置号。

⑤ 啄式钻孔（如图 6-6 所示） 在工件上加工直径为 10mm 的孔，孔的有效深度为 60mm。工件端面及中心孔已加工，程序如下：

```
O8701;
N10 T0505;（φ10 麻花钻）
N20 G0 X0 Z3. S700 M3;
N30 G74. R1.;
N40 G74. Z-60. Q8000 F0.1;
N50 G0 Z50;
N60 X100;
N70 M05;
N80 M30;
```

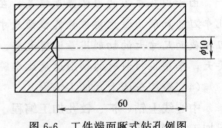

图 6-6 工件端面啄式钻孔例图

(5) 数控镗削内孔

数控车削内孔的指令与外圆车削指令基本相同，但也有区别，编程时应注意以下方面。

① 粗车循环指令 G71、G73，在加工外径时余量 U 为正，但在加工内轮廓时余量 U 应为负。

② 若精车循环指令 G70 采用半径补偿加工，以刀具从右向左进给为例。在加工外径时，半径补偿指令用 G42，刀具方位编号是"3"。在加工内轮廓时，半径补偿指令用 G41，刀具方位编号是"2"。

③ 加工内孔轮廓时，切削循环的起点 S、切出点 Q 的位置选择要慎重，要保证刀具在狭小的内结构中移动而不干涉工件。起点 S、切出点 Q 的 X 值一般取与预加工孔直径稍小一点的值。

如图 6-7 所示，内轮廓加工编程示例。

G00 X19 Z5;　　快进到内径粗车循环起刀点
G71 U1 R0.5;
G0 G41 X19 Z5;（引入半径补偿）
G71 P10 Q20 U- 0.5 W0.1 F150;
……
G70 P10 Q20 F80;
N10 G1 X36;
G40 G0 Z50 X100;
……
N20 X19;

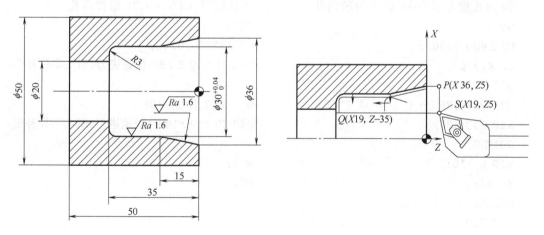

图 6-7　孔类零件

记一记：

6.3.2 数控车床上孔加工工艺编程实例

加工图 6-7 所示阶梯孔类零件，材料为 45 钢，材料规格为 $\phi50\times50$mm，设外圆端面已加工完毕，要求按图纸要求加工该零件内结构。

(1) 加工方法

① 选用 $\phi3$ 的中心钻钻削中心孔。
② 钻 $\phi20$ 的孔。
③ 粗镗削内孔。
④ 精镗削内孔。

(2) 程序编写

①$\phi3$ 的中心钻（T01）G01 钻削中心孔。　②$\phi20$ 钻头（T02）钻削孔。

O1234;
G98;
M3 S2000 T0101;（换 1 号 $\phi3$ 的中心钻）
G0 X0 Z5;
G01 Z-6 F30;
G04 P1000;
G00 Z5;
G0 Z50 X100;
M05;主轴停转
M00;程序暂停

O1235;
G98;
M3 S300 T0202;（换 2 号 $\phi20$ 的钻头）
G0 X0 Z5;
G74 R3.;
G74 Z-58.Q8000 F60
G0 Z50 X100;
M05;主轴停转
M00;程序暂停

③ 内孔镗刀（T03）G71 镗削内孔

G98;
M3 S800 T0303;
G0 X19.Z5;
G71 U1 R0.5;
G71 P10 Q20 U-0.5 W0.1 F150;
N10 G00 X36;
G01 Z0;
X30 Z-10;
Z-32;
G03 X24 Z-35 R3;
N20 X19;
G0 Z50 X100;
M05;
M00;

④ 内孔镗刀（T04）G70 精镗内孔

G98;
M3 S1200 T0303;
G0 G41 X19.5 Z5;（快速进刀,引入半径补偿）

G70 P10 Q20 F80;
G40 G0 Z50 X100;（快速进刀,引入半径补偿）

M05;
M00;

6.4 项目实施

6.4.1 加工工艺设计

(1) 零件的装夹

零件较短,使用三爪自定心卡盘装夹。

(2) 选择刀具

选用90°外圆车刀,主偏角93°内孔车刀,材料为YT1。制订刀具卡片,见表6-1。

表6-1 数控加工刀具卡片

产品名称或代号:			零件名称:轴套		零件图号:	
序号	刀具号	刀具规格及名称	材质	数量	加工表面	备注
1	T01	90°外圆车刀	YT15	1	粗精车外圆、圆弧面	$R0.2$
2	T02	93°内孔车刀	YT15	1	粗精车端面	$R0.2$
3		$\phi16$ 钻头	高速钢	1	钻孔	$R0.2$
编制:			审核:			

(3) 确定加工工艺

以零件右端面与轴线交点为工件坐标系原点,采用从右到左的加工方式工艺路线安排如下。

① 车左端面。

② 钻孔 $\phi16$。

③ 粗、精车 $\phi28$ 外圆、$R3$ 圆弧至尺寸,长度25mm。

④ 车 $\phi18$ 内孔至尺寸。

⑤ 工件调头。

⑥ 车工件右端面,取总长至尺寸。

⑦ 车 $\phi38$ 外圆至尺寸。

⑧ 粗车零件 $\phi23$、圆锥面,留精加工余量1mm。

⑨ 精车零件 $\phi23$、圆锥面至尺寸。

制订加工工艺卡片,见表6-2。

表6-2 数控加工工艺卡片

零件名称:轴套零件		零件图号:		工件材质:45钢		
工序号	程序编写	夹具名称		数控系统	车间	
1	O0001	三爪自定心卡盘		FANUC 0i		
工步号	工步内容	刀具号	主轴转速 /(r/min)	进给量 /(mm/r)	背吃刀量 /mm	备注
1	钻孔		500			手动
2	车左端面	T01	1000	0.15	1	自动
3	粗车 $\phi28$、$R3$	T01	1000	0.15	2	自动
4	精车 $\phi28$、$R3$	T01	1000	0.1	1	自动
5	粗车内圆柱面,余量0.3mm	T02	800	0.15	0.6	自动
6	精车内圆柱面	T02	800	0.1	0.3	自动

续表

零件名称：轴套零件		零件图号：		工件材质：45钢	
工序号	程序编写	夹具名称	数控系统		车间
2	O0002	三爪自定心卡盘	FANUC 0i		
工步号	工步内容	刀具号	主轴转速 /(r/min)	进给量 /(mm/r)	背吃刀量 /mm	备注
1	掉头、车右端面	T01	1000	0.15	1	自动
2	粗车 ϕ38 外圆，余量 0.5mm	T01	1000	0.15	0.5	自动
3	精车 ϕ38 外圆	T01	1000	0.1	0.5	自动
4	粗车内圆柱圆锥面，余量 0.5mm	T02	800	0.15	0.6	自动
5	精车内圆柱圆锥面	T02	900	0.1	0.3	自动
编制：		审核：		批准：	

6.4.2 加工程序的编写

本任务是套类零件中较简单的，可以采用 G01 指令进行加工，也可以采用循环指令 G90、G71 编程加工，下面就用两种指令分别编写本任务的加工程序，见表 6-3、表 6-4。

（1）左端加工程序（见表 6-3）

表 6-3 轴套加工程序（用固定循环指令 G90 编写）

加工程序	程序说明
%	
O0001;	程序名
T0101 M03 S1000 F0.15;	主轴正转，转速 600r/min，选择 1 号刀位 1 号刀补
G00 X42. Z2.;	1 号刀具快速移动到达循环起点
G94 X15. Z1. F0.15;	粗精车工件左端面
Z0;	
G90 X36. Z-25. F0.15;	粗车外圆
X32.;	
X29.;	
G00 X22.;	
G01 Z0 F0.1;	
G03 X28. Z-3. R3.;	精车外圆、圆弧、倒角
G01 Z-25.;	
X36.;	
G01 X42. Z-28.;	
G00 X100. Z100.;	1 号刀具快速退刀
T0202 M03 S800;	转换为 2 号刀位 2 号刀补，主轴正转，转速 800r/min
G00 X15. Z2.;	2 号刀具快速移动到达循环起点
G90 X17.5 Z-56. F0.15;	粗车 ϕ20 内孔

续表

加工程序	程序说明
G00 X19.;	
G01 X18.1 Z−1 F0.1;	
Z−56.;	精车 φ18 内孔
X16.;	
Z2.;	
G00 X100. Z100.;	2号刀快速退刀
M05;	主轴停止
M30;	程序结束,光标返回程序头

(2) 右端加工程序（见表 6-4）

表 6-4 轴套加工程序（用复合循环指令 G71 编写）

加工程序	程序说明
%	
O0001;	程序名
T0101 M03 S1000 F0.15;	主轴正转,转速 1000r/min,选择 1号刀位 1号刀补
G00 X44. Z2.;	1号刀具快速移动到达循环起点
G94 X17. Z1. F0.15;	粗精车工件右端面
Z0;	
G90 X39. Z−20. F0.15;	粗车工件外圆
G00 X34. Z1.;	倒角
G01 X40. Z−1. F0.1;	
Z−30.;	精车外圆
X39.;	
G00 X100. Z100.;	1号刀具快速退刀
T0202 M03 S800 F0.15	转换为2号刀位2号刀补,主轴正转,转速 800r/min
G00 X17. Z2.;	2号刀具快速移动到达循环起点
G71 U1. R0.5;	G71 复合循环粗加工内孔
G71 P10 Q20 U−0.5 W0.03. F0.1;	
N10 G01 X30.;	
Z0.;	
X23. Z−12.;	
Z−27.;	内孔精加工程序
X20.;	
X18. Z−28.;	
N20 G01 X17.;	
G70 P10 Q20 S900 F0.1;	G70 复合循环精加工内孔转速 900r/min
G00 X100. Z100.;	2号刀快速退刀
M05;	主轴停止
M30;	程序结束,光标返回程序头

6.4.3 宇龙仿真模拟加工

对图 6-1 所示零件进行模拟加工的操作步骤如下。

(1) 定义毛坯

单击工具栏定义毛坯按钮 ![img], 设置图 6-8 所示的毛坯尺寸。

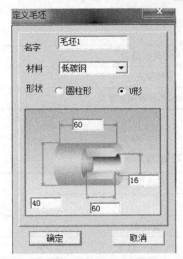

图 6-8 定义毛坯

(2) 定义刀具

定义刀具如表 6-5 所示。

单击工具栏上的选择刀具按钮 ![img], 将表 6-5 所示的刀具安装在对应的刀位。安装刀具时先选择刀位, 再依次选择刀片、刀柄等, 完成安装, 如图 6-9 所示。

(3) 安装并移动工件装卡位置

单击工具栏上的放置零件按钮 ![img], 弹出"选择零件"窗口; 选择前面定义的毛坯, 单击"安装零件"按钮以确认退出"零件选择"窗口, 弹出移动工件按钮, 如图 6-10 所示。

单击 ![img] 按钮, 将零件向右移动到最远的位置, 如图 6-11 所示, 每次移动一次, 位移是 10mm。

单击鼠标右键, 点击选项, 更改零件显示方式为全剖, 如图 6-12 所示, 更改后如图 6-13 所示。

表 6-5 刀具参数

序号	刀具号	刀具规格及名称	材质	数量
1	T01	35°外圆车刀, 刃长16mm, 主偏角93°	YT15	1
2	T02	35°内孔车刀, 最小直径16mm, 加工深度70mm, 主偏角93°	YT15	1

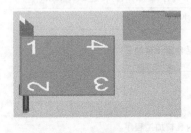

图 6-9 刀具安装结果

图 6-10 移动工件按钮

图 6-11 工件装卡位置

(4) 编辑与导入程序

如果加工程序需要在数控系统中直接编辑, 则需要新建程序。

首先单击 ![img] 按钮, 进入编辑模式, 单击 ![img] 键进入新建程序窗口, 如图 6-14 所示。

然后在缓冲区输入程序号 "O0001", 单击 ![img] 键新建程序, 每编辑一段数控加工程序, 单击一次 ![img] 键换行。

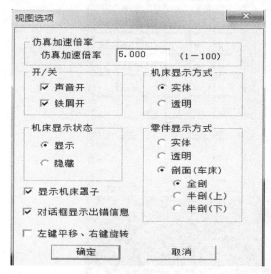
图 6-12 视图选项选择

图 6-13 零件全剖效果

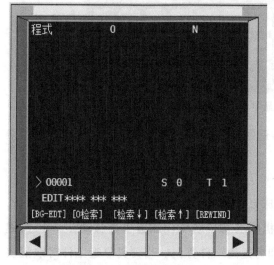
图 6-14 新建程序窗口

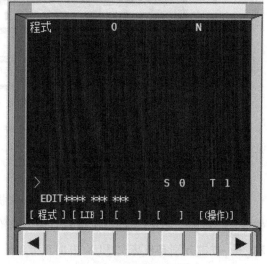
图 6-15 程序管理窗口

如果用 Word、记事本等已将程序编辑并保存，这时只需要将程序导入数控系统中即可。

首先单击 按钮，进入编辑模式，单击 键进入程序管理窗口，如图 6-15 所示。

然后单击菜单软件［（操作）］，进入该命令下级菜单；单击 ▶ 翻页，单击菜单软件［READ］；单击工具栏上的 图标，弹出文件选择窗口，将文件目录浏览到保存目录，然后打开，在缓冲区输入程序编号；单击菜单软件［EXEC］，这样就将程序导入数控系统中了。导入结果如图 6-16 所示。

（5）对刀

① 对 1 号刀（外圆车刀）　外圆车刀对刀方法参照项目五中讲解方法。

② 对 2 号刀（内孔车刀）

项目 6　轴套类零件的加工　**99**

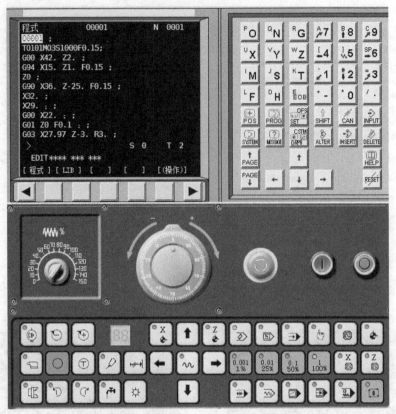

图 6-16 程序导入显示（左端程序）

a. 工件试切。单击 按钮，将机床设置为返回原点模式，单击 →和↓按键，机床刀架台返回原点位置。

单击 按钮，将机床设置为手动模式。

单击 ← 按钮，按下 快速按钮，使机床以叠加速度沿机床 Z 方向负方向快速移动，按住 ↑ 按钮，按下 快速按钮，使刀具沿机床 X 方向负方向靠近工件移动； → 按键和 ↓ 按键分别是机床 Z 和 X 方向正方向，即为远离工件方向。当刀具靠近工件时取消快速按钮，单击 主轴正转按钮，启动主轴。

X 方向对刀：试切工件内孔直径，然后使主轴停止，如图 6-17 所示。

b. 试切尺寸测量。单击按钮，停止主轴旋转，单击菜单软键［测量］，执行"剖面图测量"命令，弹出图 6-18 所示提示界面。

选择"否"按钮，进入测量窗口，如图 6-19 所示。

在剖面图上单击刚试切的圆柱面，系统会自动测量试切圆柱面的直径和长度，测量结果会高亮显示出来，本例试切直径结果为 17.500，长度为 −5.726。

c. 设置刀偏。因为程序中使用 T 指令调用工件坐标系，所以应该用 T 指令对刀。

单击 按键，再单击菜单软键［形状］进入刀偏设置窗口，如图 6-20 所示。

使用 ↑ ↓ ← → 键，将光标移动到"02"刀补，在缓冲区输入"X17.500"，单击菜单软键［测量］，系统计算出 X 方向刀偏，在缓冲区输入"Z−5.726"，单击菜单软键［测量］，系统计算出 Z 方向刀偏。如图 6-21 所示。

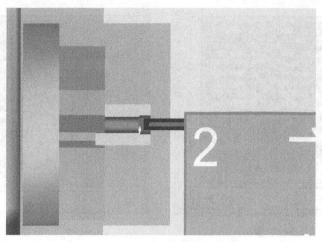

图 6-17 内孔车刀试切停止位置

图 6-18 半径测量提示界面

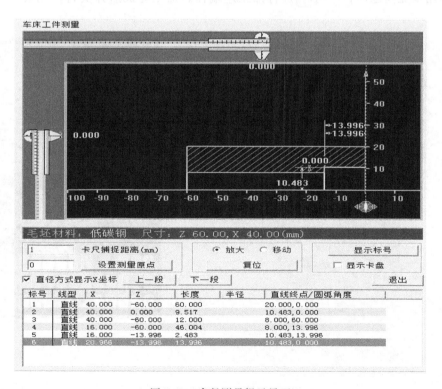

图 6-19 半径测量提示界面

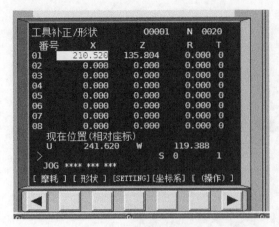
图 6-20 刀偏设置窗口

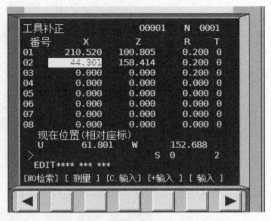
图 6-21 系统计算刀偏结果

小提示：

刀具对刀方式大体相同，具有刀尖半径补偿的刀具应将刀具半径补偿填写到刀偏设置窗口中对应刀补位 R 中。

（6）自动运行程序

单击 按钮，将机床设置为自动运行模式。

单击工具栏上的"□"图标以显示俯视图，单击 键，在机床模拟窗口进行程序校验。

校验结束无问题时，单击 进行加工左端面。加工完成后掉头再次完成对刀与导入程序。

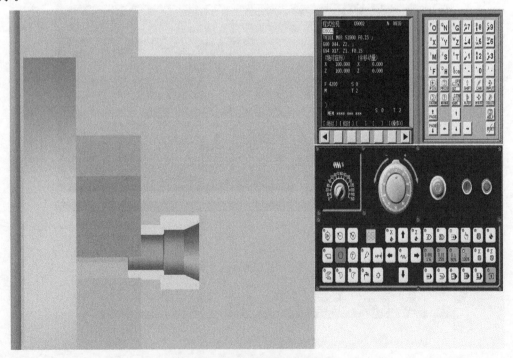
图 6-22 轴套零件模拟仿真加工

进行右端加工。因为零件还需要掉头并再次保证总长,所以需要再次 Z 方向对刀。单击操作面板上的循环启动按钮,程序开始执行。加工结果如图 6-22 所示。

记一记:

6.4.4 实际加工

(1) 工件与刀具的安装

工件装夹在三爪自定心卡盘软爪上,毛坯右端面伸出 50mm 左右,装夹要牢固。车刀安装时不宜伸出过长,车孔刀刀尖高度应与机床中心等高或略高,保证主偏角大于 90°,以保证阶台面与轴线垂直。

(2) 对刀并输入刀补值

三把刀分别对刀,然后正确输入对应的刀补值。

(3) 数控加工与精度控制

① 数控加工。加工应单段运行,通过机床控制面板上的【倍率选择】按钮修正加工参数,然后自动运行加工,当程序暂停时可以对加工尺寸进行检测,以保证精度要求。

② 精度控制。加工过程中,各尺寸精度都要保证在公差范围之内,如出现误差可采用刀补修正法进行修正。

(4) 零件检测

① 修整工件,去毛刺等。

② 尺寸精度检测。用外径千分尺检测 $\phi 38$、$\phi 28$ 外圆尺寸,用圆弧样板检测圆弧,用塞规或内径百分表测量内孔 $\phi 23$,其他尺寸用游标卡尺测量。

③ 表面质量检测。用粗糙度样板对比检测零件加工表面质量。

记一记:

6.5 任务评价

轴套评分标准见表 6-6。

表 6-6 轴套评分标准

姓名			零件名称	轴套轴	时间	60min	总得分	
项目	序号	检查内容		配分	评价标准		检测记录	得分
零件加工(50分)	1	外圆尺寸	$\phi 28_{-0.03}^{0}$mm、$\phi 380.030$mm	14	每处7分 超差不得分			
	2	长度尺寸	50mm、25mm、15mm、12mm	8	尺寸每处2分 超差不得分			
	3	内孔	$\phi 23_{0}^{+0.03}$mm $\phi 30$、$\phi 18$	12	超差不得分			
	4	圆弧 $R3$		3	超差不得分			
	5	倒角尺寸、去毛刺		3	不合格全扣			
	6	表面粗糙度		10	每处差一级扣1分			
程序与工艺(25分)	7	程序正确、完整		6	不合理每处1分			
	8	程序格式规范		5	不合理每处1分			
	9	工艺合理		5	不合理每处1分			
	10	程序参数选择合理		4	不合理每处1分			
	11	指令选用合理		5	不合理每处1分			
机床操作(17分)	12	零件装夹合理		3	不合理每处1分			
	13	刀具选择及安装正确		3	不合理每处1分			
	14	机床面板操作正确		4	不合理每处1分			
	15	意外情况处理合理		3	不合理每处1分			
	16	对刀及坐标系设定正确		4	不合理每处1分			
文明生产(8分)	17	安全操作		4	违反操作规程全扣			
	18	机床整理		4	不合格全扣			
记录员		监考员		检验员			考评员	

6.6 职业技能鉴定指导

6.6.1 知识技能复习要点

① 简述数控车床 G71 与 G80 的区别。
② 简述数控车床 G71 指令内径车削的使用方法。
③ 简述内孔车刀对刀的方法。

6.6.2 理论复习题

(1) 选择题
① G71 不可以加工（　　）。
A. 外径　　　　B. 内径　　　　C. 螺纹　　　　D. 圆锥面

② 套类零件的车削特点是（　　）。
A. 刀杆刚性好，排屑和冷却容易，孔尺寸测量困难
B. 刀杆刚性差，排屑和冷却容易，孔尺寸好测量
C. 刀杆刚性差，孔尺寸测量困难，排屑和冷却困难
D. 刀杆刚性好，孔尺寸容易测量，排屑和冷却困难

③ 下列粗车复合循环指令中，顺序号"ns"程序段必须沿 Z 方向进刀，且不能出现 X 坐标的指令是（　　）。
A. G71　　　　B. G72　　　　C. G73　　　　D. G76

④ 对于径向尺寸要求比较高，轮廓形状单调递增，轴向切削尺寸大于径向切削尺寸的毛坯类工件进行粗车循环加工时，采用（　　）指令编程合适。
A. G71　　　　B. G72　　　　C. G73　　　　D. G76

⑤ G71 指令可以用来加工（　　）形状。
A. 从小到大的阶梯轴　　　　B. 从大到小的阶梯轴
C. 从大到小的阶梯孔　　　　D. 都可以

(2) 判断题

① G71 内（外）径加工循环指令能够在一次循环中完成工件内外圆表面的粗加工、半精加工和精加工。（　　）

② G71 指令是沿着平行于 Z 轴的方向进行粗切削循环加工的。（　　）

③ G72 是端面粗车复合循环指令，不能用于内外径粗加工。（　　）

④ G71 比 G80 程序更复杂，生产效率慢了。（　　）

⑤ 数控系统的车床上 G80 不能用来加工内孔。（　　）

项目7 槽轮类零件的加工

7.1 项目导入

在数控机床上除了能加工轴类、套类、圆锥圆弧类、螺纹类等零件外，有时还会遇到盘类和槽类零件，例如常见的端盖、齿轮坯、棘轮等零件。如图7-1所示为一槽轮零件图，毛坯为 $\phi 42\text{mm} \times 60\text{mm}$，材料为45钢，生产类型为单件或小批量生产，无热处理工艺要求，试正确设定工件坐标系，制订加工工艺方案，选择合理的刀具和切削工艺参数，正确编制数控加工程序并完成零件的加工。

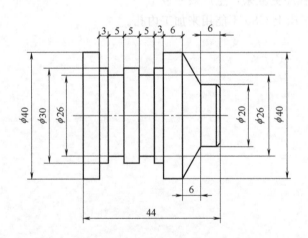

图 7-1 槽轮零件

7.2 项目分析

此零件精度要求一般，表面粗糙度全部为 $Ra3.2\mu m$，注意保证精度要求即可。合理选择编程指令，锥台部分可以用 G01 指令加工，也可用 G94 指令来加工，槽可用 G01 指令编程加工，但程序段长，编程容易出错，可用循环指令 G72、G75 来编写锥和槽的程序，简化程序。

7.3 知识准备

7.3.1 槽的种类与进刀方式

(1) 槽的种类

根据槽的宽度不同,可以分为宽槽和窄槽两种。

① 窄槽。槽的宽度不大,切槽刀切削过程中不沿 Z 向移动,就可以车出的槽一般叫做窄槽。

② 宽槽。槽宽度大于切槽刀的宽度,切槽刀切槽过程中需要沿 Z 向移动,才能切出的槽一般叫做宽槽。

(2) 零件的装夹方式

切槽时主切削力的方向与工件轴线垂直,尤其是切窄槽时通常采用直接成形法,即切槽刀的宽度等于槽的宽度,即等于背吃刀量,这样切削时会产生较大的径向切削力,容易引起扎刀和振动,影响到工件的装夹稳定性。在数控机床上加工槽时一般可采用下面的装夹方式。

① 利用自定心卡盘的软卡爪,并适当增加夹持面的长度,当工件夹持面长度较短时,可在软卡爪上车出阶台,靠阶台端面定位,以保证定位准确、装夹牢固。

② 如果零件长度较长,强度较弱时,为防止振动和零件飞出伤人,可采用尾座顶尖做辅助支承,用一夹一顶的方式装夹,以保证零件装夹的稳定性。

(3) 槽的加工方法

① 窄浅槽的加工方法　加工窄而浅的槽一般用 G01 指令直进切削即可。若精度要求较高时,可在槽底用 G04 指令使刀具停留几秒钟,以光整槽底。

② 窄深槽或切断的加工方法　窄而深的槽或切断的加工一般使用 G75 切槽循环。

③ 宽槽的加工方法　宽槽的加工一般也用 G75 切槽循环。

(4) 刀具的选择及刀位点的确定

① 切槽及切断车刀一般有三个刀位点,即左刀位点、右刀位点和中心刀位点。编程时可根据方便选择其中一个刀位点进行编程,一般多选择左刀位点。

② 切断刀的种类

a. 高速钢切断刀。

b. 硬质合金切断刀(焊接式及机械夹固式)。

c. 弹性切断刀(带弹性刀盒)。

(5) 切槽与切断编程注意事项

① 为避免刀具与零件的碰撞,刀具切完槽后退刀时应先沿 X 方向退到安全位置,然后再回换刀点。

② 车矩形外沟槽的车刀,其主切削刃应安装于与车床主轴轴线平行并等高的位置上。

③ 在完成车矩形沟槽的过程中,如果车槽刀主切削刃宽度不等于设定的尺寸时,加工后各槽宽尺寸将随刀宽尺寸的变化而变化。

④ 切槽时,刀刃宽度、主轴转速 n 和进给速度 f 都不宜过大,否则刀具所受切削力过大,影响刀具寿命。一般刀刃宽度为 3~5mm,$n=300~500$r/min,$f=0.04~0.06$mm/r。

记一记：

7.3.2 切削用量的选择

由于切断刀的刀体强度较差，在选择切削用量时应适当减小其数值。总的来说，同等情况下，硬质合金切断刀比高速钢切断刀选用的切削用量要大；切断钢件材料时的切削速度比切断铸铁材料时的切削速度要高，而进给量要略小一些。

(1) 背吃刀量（a_p）

切断、车槽均为横向进给切削，背吃刀量 a_p 是垂直于已加工表面方向所量得的切削层宽度的数值，所以切断时的背吃刀量等于切断刀主切削刃的宽度。

(2) 进给量（f）

一般用高速钢车刀切断钢料时，$f=0.05\sim0.1$mm/r；切断铸铁料时，$f=0.1\sim0.2$mm/r。用硬质合金切断刀切断钢料时，$f=0.1\sim0.2$mm/r；切断铸铁料时，$f=0.15\sim0.25$mm/r。

(3) 切削速度（v_c）

用高速钢车刀在钢料上切槽或切断时，$v_c=30\sim40$m/min；切断铸铁料时 $v_c=15\sim25$m/min。用硬质合金车刀在钢料上切槽或切断时，$v_c=80\sim120$m/min；切断铸铁料时，$v_c=60\sim100$m/min。

记一记：

7.3.3 编程指令

7.3.3.1 G04 暂停指令

(1) 指令格式

G04 X_；或 G04 P_；或 G04 U_；

其中 X、U——指定的暂停时间，允许带小数点，单位为 s；

P——指定的暂停时间，不允许带小数点，单位 ms。

(2) 指令说明

① 各轴运动停止，不改变当前的 G 指令模态和保持的数据、状态，延时给定的时间后，再执行下一个程序段。比如切槽刀切槽，当切断刀切到槽底时，为了使槽底圆整，经常会用

到此指令。

② G04 为非模态指令。

7.3.3.2 G72 端面粗车复合循环指令

(1) 指令格式

G72 W(Δd) R(e);

G72 P(ns) Q(nf) U(Δu) W(Δw) F(f) S(s) T(t);

其中 Δd——每次循环的切削深度，模态值，直到下个指定之前均有效。也可以用参数指定。根据程序指令，参数中的值也变化，单位为 mm。

e——每次切削的退刀量。模态值，在下次指定之前均有效。也可以用参数指定。根据程序指令，参数中的值也变化。

ns——精加工路径第一程序段的顺序号（行号）。

nf——精加工路径最后程序段的顺序号（行号）。

Δu——X 方向精加工余量。

Δw——Z 方向精加工余量。

f，s，t——在 G72 程序段中指令，在顺序号为 ns 到顺序号为 nf 的程序段中粗车时使用的 F、S、T 功能。

(2) 指令说明

G72 指令称为端面粗车复合循环指令。端面粗车复合循环指令的含义与 G71 类似，不同之处是刀具平行于 X 轴方向切削，它是从外径方向向轴心方向切削端面的粗车循环，该循环方式适用于长径比较小的盘类工件端面粗车。如用 93°外圆车刀，其端面切削刃为主切削刃。其内部参数如图 7-2 所示。

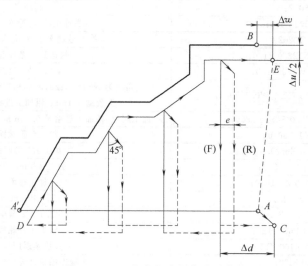

图 7-2 G72 指令段内部参数示意图

① 在 $A \to A'$ 之间的刀具轨迹，在顺序号 ns 的程序段中指定，可以用 G00 或 G01 指令，但不能指定 X 轴的运动。当用 G00 指定时，$A \to A'$ 为快速移动；当用 G01 指定时，$A \to A'$ 为切削进给移动。

② 在 $A' \to B$ 之间的零件形状，X 轴和 Z 轴都必须是单调增大或单调减小的轮廓。这是 Ⅰ 型端面粗车循环的关键。有的系统还提供了 Ⅱ 型端面粗车循环功能。

③ G72 指令必须带有 P、Q 地址 ns、nf，且与精加工路径起、止顺序号对应，否则不能进行该循环加工。

④ 在顺序号为 ns 到顺序号为 nf 的程序段中，不能调用子程序。

⑤ 在程序指令时，A 点在 G72 程序段之前指令。在循环开始时，刀具首先由 A 点退回到 C 点，移动 $\Delta u/2$ 和 Δw 的距离。刀具从 C 点平行于 AA' 移动 Δd，开始第一刀的端面粗车循环。第一步的移动，是用 G00 还是用 G01，由顺序号 ns 中的代码决定，当 ns 中用 G00 时，这个移动就用 G00，当 ns 中用 G01 时，这个移动就用 G01。第二步切削运动用 G01，当到达本程序段终点时，以与 X 轴成 45°夹角的方向退出。第四步以离开切削表面 e 的距离快速返回到 X 轴的出发点。再以切深为 Δd 进行第二刀切削，当达到精车留量时，沿精加工留量轮廓 DE 加工一刀，使精车留量均匀。最后从 E 点快速返回到 A 点，完成一个粗车循环。

⑥ 当顺序号 ns 程序段用 G00 移动时，在指令 A 点时，必须保证刀具在 X 方向上位于零件之外。顺序号 ns 的程序段，不仅用于粗车，还要用于精车时进刀，一定要保证进刀的安全。

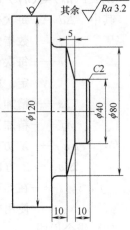

图 7-3 零件示意图

(3) 编程示例

【例 7-1】 用 G72 指令编程加工图 7-3 所示零件的外轮廓。零件加工程序见表 7-1。

表 7-1 零件加工程序

加工程序	程序说明
O5012；	程序名
N10 M03 S600；	主轴正转，转速 600r/min
N20 T0202；	换 2 号端面车刀，导入刀具刀补
N30 G00 X122.0 Z1.0；	快速到达循环起点
N40 G72 W2.0 R1.0；	端面粗加工循环
N50 G72 P60 Q120 U0.1 W0.1 F0.3；	加工路线为 N60~N120，X 向精车余量 0.1mm，Z 向精车余量 0.1mm，粗加工进给量 0.3mm/r
N60 G00 Z−25.0 F0.10 S800；	加工起点，精加工进给量 0.10mm/r，主轴转速 800r/min
N70 G01 X90.0；	加工台阶端面
N80 G03 X80.0 Z−20.0 R5.0；	加工 R5 的凹弧
N90 G01 Z−15.0；	加工 ϕ80mm 外圆
N100 X40.0 Z−10.0；	加工锥面
N110 Z−2.0；	加工 ϕ40mm 外圆
N120 X34.0 Z1.0；	加工 C2 倒角
N130 G70 P60 Q120；	精加工外轮廓
N140 G00 X100 Z150；	刀具快速返回换刀点
N150 M30；	主程序结束并返回程序起点

7.3.3.3 G75 径向切槽多重复合循环

(1) 指令格式

G75 R(e)；

G75 X(U) Z(W) P(Δi) Q(Δk) R(Δd) F(f)；

其中　e——分层切削每次退刀量。该值是模态值，在下次指定之前均有效，由程序指令修改，半径值，单位为 mm。

X——最大切深点的 X 轴绝对坐标。

Z——最大切深点的 Z 轴绝对坐标。

U——最大切深点的 X 轴增量坐标。

W——最大切深点的 Z 轴增量坐标。

Δi——切槽过程中径向（X 向）的切入量，半径值，单位为 μm。

Δk——沿径向切完一个刀宽后退出，在 Z 向的移动量（无符号值），单位为 μm，其值小于刀宽。

Δd——刀具在槽底的退刀量，用正值指定。如果省略 $Z(W)$ 和 Δk 时，要指定退刀方向的符号。

f——切槽时的进给量。

(2) 指令说明

其中 e 和 Δd 都用地址 R 指定，其意义由地址 $Z(W)$ 决定，如果指定 $Z(W)$ 时，就为 Δd。

当指令 $Z(W)$ 时，则执行 G75 循环。在编程时，AB 的值为槽宽减去切刀宽度的差值。A 点坐标根据刀尖的位置和 W 的方向决定。在程序执行时，刀具快速到达 A 点，因此，A 点应在工件之外，以保证快速进给的安全。从 A 点到 C 点为切削进给，每次切深 Δi 便快速后退 e 值，以便断屑，最后到达槽底 C 点。在槽底，刀具要纵向移动 Δd，使槽底光滑，但要服从刀具结构，以免折断刀具。刀具退回 A 点后，按 Δk 移动一个新位置，再执行切深循环。Δk 要根据刀宽确定，直至达到整个槽宽。最后刀具从 B 点快速返回 A 点，整个循环结束。数控车床上加工工件时，工件做旋转运动，在 X 轴方向上无法实现钻孔加工。如图 7-4 所示。

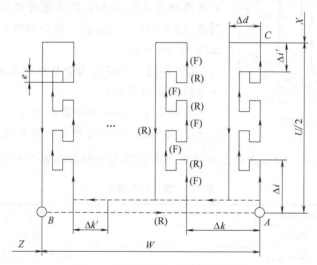

图 7-4　G75 指令段内部参数示意图

(3) 编程示例

【例 7-2】用 G75 指令编程加工图 7-5 所示径向槽零件中的径向槽。

零件上 ϕ32mm 的外圆已加工，这里只加工 ϕ26mm×10mm 的外径沟槽。此槽不深但较宽，用宽度为 3mm 的切槽刀，刀位点设在右刀尖。用 G75 指令编程如表 7-2 所示。

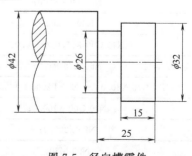

图 7-5　径向槽零件

表 7-2　零件加工程序

加工程序	程序说明
O5016；	程序名
N10 G99 G21；	指定转进给，米制编程
N20 M03 S500；	主轴正转，转速为 500r/min
N30 T0202；	换 2 号切槽刀，导入 2 号刀补(刀宽 3mm)
N40 G00 X45.0 Z−15.0；	快速到达切槽起始点
N50 G75 R0.5；	外径切槽复合循环，指定退刀量 0.5mm
N60 G75 X26.0 Z−22.0 P2000 Q2500 R0 F0.2；	指定槽底、槽宽及加工参数
N70 G00 X100.0；	刀具沿径向快速退出
N80 Z200.0；	刀具沿轴向快速退出
N90 M30；	主程序结束并返回程序起点

小贴士：

在加工过程中，刀具先是到达点（$X45.0\ Z-15.0$），G75 运行时在 $Z-15.0$ 的位置，执行一次切槽加工，退回到 $X45.0$ 时，向 Z 轴的负方向移动一个 Q 指定的 Δk（2.5mm）值，再执行一次切槽加工，又退回到 $X45.0$ 时再向 Z 轴的负方向移动一个 Q 指定的 Δk（2.5mm）值，再执行一次切槽加工，如此循环进行槽加工，直至达到槽宽后，刀具退回到 $X45.0$ 时，不再进行槽加工，刀具快速退回到点（$X45.0\ Z-15.0$），整个循环结束。在槽底不执行 Δd，故 $\Delta d=0$。

【例 7-3】 用 G75 指令编程加工图 7-6 所示径向槽零件中的径向均布槽。

零件上 $\phi 50$mm 的外圆已加工，这里只加工 3 个宽 5mm、深 5mm 的外径沟槽。此非深槽也非宽槽，选用宽度为 5mm 的切槽刀，刀位点设在右刀尖。用 G75 指令编程如表 7-3 所示。

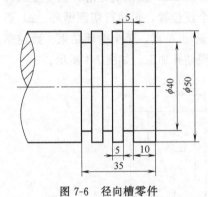

图 7-6　径向槽零件

表 7-3　零件加工程序

加工程序	程序说明
O5017；	程序名
N10 G99 G21；	指定转进给，米制编程
N20 M03 S500；	主轴正转，转速为 500r/min
N30 T0202；	换 2 号切槽刀，导入 2 号刀补(刀宽 5mm)
N40 G00 X55.0 Z−10.0；	快速到达切槽起始点
N50 G75 R1.0；	外径切槽复合循环，指定径向退刀量 1mm
N60 G75 X40.0 Z−30.0 P2000 Q10000 F0.2；	指定槽底、槽宽及加工参数
N70 G00 X100.0；	刀具沿径向快速退出
N80 Z200.0；	刀具沿轴向快速退出
N90 M30；	主程序结束并返回程序起点

小贴士：

在加工过程中，刀具先是到达点（X55.0 Z-10.0），G75 运行时在 Z-10.0 的位置，执行一次切槽加工，退回到 X55.0 时，向 Z 轴的负方向移动一个 Q 指定的 Δk（10mm）值，再执行一次切槽加工，又退回到 X55.0 时，再向 Z 轴的负方向移动一个 Q 指定的 Δk（10mm）值，再执行一次切槽加工刀具退回到 X55.0，因此时刀具已到 Z-30.0 的位置，故不再进行槽加工，刀具快速退回到点（X55.0 Z-10.0），整个循环结束。在槽底不执行 Δk，故 $\Delta k=0$。

记一记：

7.4 项目实施

7.4.1 加工工艺设计

（1）零件的装夹

工件伸出较短，使用三爪自定心卡盘装夹，切槽时力比较大，注意夹紧力。

（2）选择刀具

选用 35°外圆车刀，主偏角 93°，4mm 的切槽刀，材料为 YT1。制订刀具卡片，见表 7-4。

表 7-4 数控加工刀具卡片

产品名称或代号：			零件名称:槽轮		零件图号：	
序号	刀具号	刀具规格及名称	材质	数量	加工表面	备注
1	T01	35°外圆车刀	YT15	1	粗精车外圆、端面、锥面	
2	T02	5mm 的切槽刀	YT15	1	切槽及切断	
编制：			审核：			

（3）确定加工工艺

以零件右端面与轴线交点为工件坐标系原点，采用从右到左的加工方式工艺路线安排如下。

① 车右端面。

② 粗车零件 $\phi 20$ 外圆、圆锥面、$\phi 30$ 外圆，留精加工余量 0.5mm。

③ 精车零件 $\phi 20$ 外圆、圆锥面、$\phi 30$ 外圆至尺寸。

④ 换 2 号刀。

⑤ 切削 5×20mm 长槽。

⑥ 切削 2 个 5×2mm 连续槽。

工件掉头车工件左端面,取总长至尺寸。制订加工工艺卡片,见表7-5。

表7-5 数控加工工艺卡片

零件名称:槽轮		零件图号:		工件材质:45钢	
工序号	程序编写	夹具名称	数控系统	车间	
1	O0001	三爪自定心卡盘	FANUC 0i		
工步号	工步内容	刀具号	主轴转速 /(r/min)	进给量 /(mm/r)	背吃刀量 /mm	备注
1	车右端面	T01	1000	0.15	1	自动
2	粗车ϕ20外圆、圆锥面、ϕ30外圆	T01	800	0.2	2	自动
3	精车ϕ20外圆、圆锥面、ϕ30外圆	T01	1000	0.1	0.5	自动
4	切削5×20mm长槽	T02	500	0.1		自动
5	切削2个5×2mm连续槽	T02	500	0.1		自动
工序号	程序编写	夹具名称	数控系统	车间	
2	O0002	三爪自定心卡盘	FANUC 0i		
工步号	工步内容	刀具号	主轴转速 /(r/min)	进给量 /(mm/r)	背吃刀量 /(mm)	备注
1	掉头、车右端面	T01	1000	0.15	1	自动
编制:		审核:		批准:	

记一记:

7.4.2 加工程序的编写

本任务是槽轮零件中等难度的,可以采用G01指令进行加工,也可以采用循环指令G75编程加工,下面就用G75指令编写本任务的加工程序,见表7-6。

表7-6 槽轮加工程序(用G75编写)

加工程序	程序说明
%	
O0001;	程序名
T0101 M03 S800 F0.15;	主轴正转,转速800r/min,选择1号刀位1号刀补

续表

加工程序	程序说明
G00 X42.Z2.;	1号刀具快速移动到达循环起点
G71 U2. R1.;	G71粗车循环指令
G71 P10 Q20 U0.2 W0 F0.2;	
N10G01 X0;	零件精加工程序
Z0;	
X18.;	
X20. Z－1.;	
Z－6.;	
X40. Z－12.;	
Z－44.;	
N20 G01 X42.;	
G70 P10 Q20 F0.1 S1000;	G70精车循环指令
G00 X100. Z100.;	1号刀具快速退刀
T0202 M03 S500;	转换为2号刀位2号刀补,主轴正转,转速500r/min
G00 X42. Z－23.;	2号刀具快速移动到达循环起点
G75 R1.;	切削5mm×20mm长槽
G75 X30. Z－39. P2000 Q3000 F0.15;	
G00 X42. Z－26.;	2号刀具快速移动到达循环起点
G75 R1.;	切削2个5mm×2mm连续槽
G75 X26. Z－46. P2000 Q10000 F0.15;	
G00 X100. Z100.;	2号刀快速退刀
M05;	主轴停止
M30;	程序结束,光标返回程序头

记一记：

7.4.3 宇龙仿真模拟加工

对图7-1所示零件进行模拟加工的操作步骤如下。

（1）定义毛坯

单击工具栏定义毛坯按钮，选择形状u形，设置图7-7所示的毛坯尺寸。

项目7 槽轮类零件的加工 115

(2) 定义刀具

定义刀具如表 7-7 所示。

单击工具栏上的选择刀具按钮 ![], 将表 7-7 所示的刀具安装在对应的刀位。安装刀具时先选择刀位, 再依次选择刀片、刀柄等, 完成安装, 如图 7-8 所示。

(3) 安装并移动工件装卡位置

单击工具栏上的放置零件按钮 ![], 弹出 "选择零件" 窗口; 选择前面定义的毛坯, 单击 "安装零件" 按钮以确认退出 "零件选择" 窗口, 弹出移动工件按钮, 如图 7-9 所示。

单击 ![] 按钮, 将零件向右移动到最远的位置, 如图 7-10 所示, 每次移动一次, 位移为 10mm。

(4) 编辑与导入程序

编辑与导入程序的方法参照项目五中讲解方法。

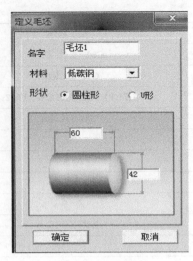

图 7-7 定义毛坯

表 7-7 刀具参数

序号	刀具号	刀具规格及名称	材质	数量
1	T01	35°外圆车刀刃长 16mm,主偏角 93°	YT15	1
2	T02	5mm 刀宽切断刀,加工深度 20mm	YT15	1

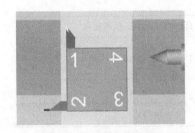

图 7-8 刀具安装结果

图 7-9 移动工件按钮

图 7-10 工件装卡位置

(5) 对刀

① 对 1 号刀 (外圆车刀)　外圆车刀对刀方法参照项目六中讲解方法。

② 对 2 号刀 (切槽车刀)

a. 工件试切。单击 ![] 按钮, 将机床设置为返回原点模式, 单击 ![] 和 ![] 按键, 机床刀架台返回原点位置。

单击 ![] 按钮, 将机床设置为手动模式。

单击 ![] 按钮, 按下 ![] 快速按钮, 使机床以叠加速度沿机床 Z 方向负方向快速移动, 按住 ![] 按钮, 按下 ![] 快速按钮, 使刀具沿机床 X 方向负方向靠近工件移动; ![] 按键和 ![] 按键分别是机床 Z 和 X 方向正方向, 即远离工件方向。当刀具靠近工件时取消快速按钮, 单击 ![] 主轴正转按钮, 启动主轴。

X 方向对刀: 试切工件内孔直径, 然后使主轴停止, 如图 7-11 所示。

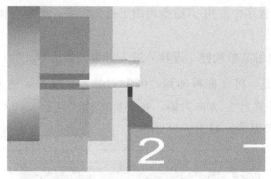

图 7-11 切槽车刀试切停止位置

b. 试切尺寸测量。单击按钮，停止主轴旋转，单击菜单软键［测量］，执行"剖面图测量"命令，弹出图 7-12 所示提示界面。

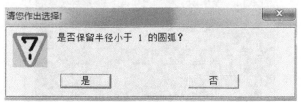

图 7-12 半径测量提示界面

选择"否"按钮，进入测量窗口，如图 7-13 所示。

在剖面图上单击刚试切的圆柱，系统会自动测量试切圆柱面的直径和长度，本例试切直径结果为 39.334，长度为 −11.958。

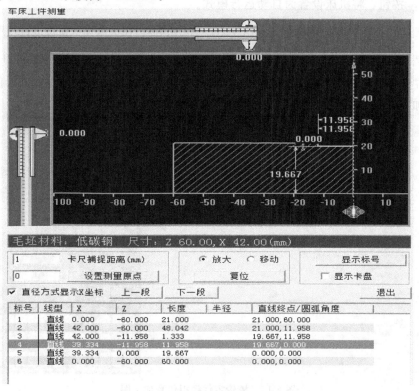

图 7-13 半径测量提示界面

项目 7 槽轮类零件的加工

c. 设置刀偏，因为程序中使用 T 指令调用工件坐标系，所以应该用 T 指令对刀。

(6) 自动运行程序

单击 [OFS/SET] 按键，再单击菜单软键 [形状] 进入刀偏设置窗口。

使用 ↑ ↓ ← → 键，将光标移动到"02"刀补，在缓冲区输入"X17.500"，单击菜单软键 [测量]，系统计算出 X 方向刀偏，在缓冲区输入"Z－5.726"，单击菜单软键 [测量]，系统计算出 Z 方向刀偏。如图 7-14 所示。

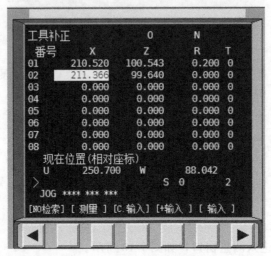

图 7-14　系统计算刀偏结果

单击 按钮，将机床设置为自动运行模式。

单击工具栏上的 "□" 图标以显示俯视图，单击 [CSTM/GRPH] 键，在机床模拟窗口进行程序校验。

校验结束无问题时，单击 进行加工右端面。加工完成后掉头再次完成对刀。

进行左端加工。因为零件还需要掉头并再次保证总长，所以进行每次对刀后保证总长完成加工。加工结果如图 7-15 所示。

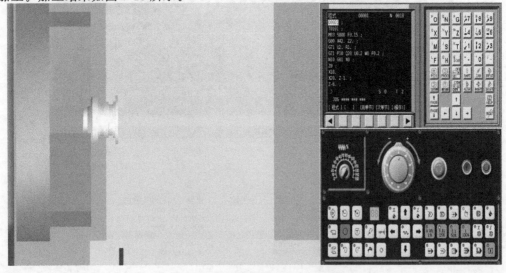

图 7-15　槽轮零件模拟仿真加工图

记一记:

7.4.4 实际加工

(1) 工件与刀具的安装

工件装夹在自定心卡盘上,毛坯右端面伸出50mm左右,装夹要牢固。车刀安装时不宜伸出过长,刀尖高度应与机床中心等高(尤其是切断刀),切槽刀的中心线必须与工件中心线垂直,以保证副偏角的对称,底平面应平整,以保证两个副后角的对称。

(2) 对刀并输入刀补值

切槽刀有两个刀尖,对刀时有两个刀位点,即两个刀尖。

如图7-16所示,切槽刀对刀时(Z向),刀位点应与程序中的刀位点一致。

图7-16 切槽刀刀位点

切槽刀因有两个刀位点,所以在对刀时刀补值(Z向)的输入显得非常关键。如果刀补值输入有误,即使程序编制非常正确,同样也会加工出不合格的零件。在编制切槽程序时,既可以采用左刀尖编程,也可以采用右刀尖编程,根据不同的零件形状或个人的编程习惯而定。下面就以刀宽4mm的切槽刀为例,说明切槽刀的对刀方法。

① 使用左刀尖编程(即程序中左刀尖作为刀位点)时,其对刀方法如图7-17和图7-18所示。此时在刀补的"02"界面Z向刀补值应键入Z0,然后按【输入】键即可。编程时切槽起点坐标为($X52.$, $Z-12$)即Z向坐标值为$8+4=12$mm。

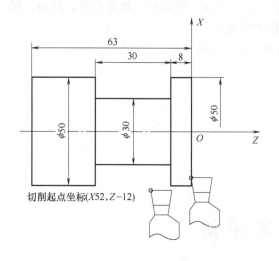

图7-17 刀位点为左刀尖时的情景

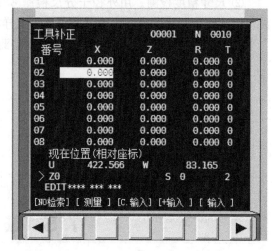

图7-18 左刀尖编程时的Z向刀补值

② 使用右刀尖编程（即程序中右刀尖作为刀位点）时，其对刀方法如图 7-19 和图 7-20 所示。此时 Z 向刀补值应键入 Z4.，然后按【输入】键即可。编程时切槽起点坐标为 ($X52.$，$Z-8.$)，即 Z 向坐标值为 8mm。

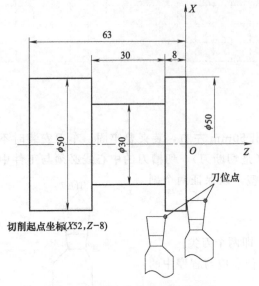

图 7-19 刀位点为右刀尖时的情景

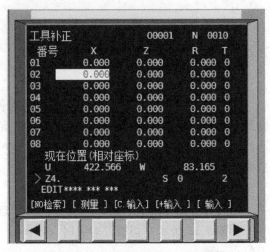

图 7-20 右刀尖编程时的 Z 向刀补值

(3) 数控加工与精度控制

① 加工　首件加工应单段运行，通过机床控制面板上的【倍率选择】按钮修正加工参数，然后自动运行加工，当程序暂停时可以对加工尺寸进行检测，以保证精度要求。

② 精度控制　加工过程中，各尺寸精度都要保证在公差范围之内，如出现误差可采用刀补修正法进行修正。

(4) 零件检测

① 修整工件，去毛刺等。

② 尺寸精度检测。用外径千分尺检测 $\phi 36$、$\phi 15$、$\phi 24$，游标卡尺测量总长，阶台，锥面长度、倒角及槽的宽度，用万能角度尺或样板测量锥度。

③ 表面质量检测。用粗糙度样板对比检测零件加工表面质量。

记一记：

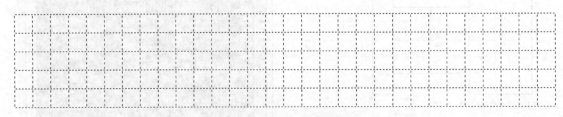

7.5 任务评价

台阶轴评分标准见表 7-8。

表 7-8 槽轮评分标准

姓名			零件名称	槽轮	时间	120min	总得分	
项目	序号	检查内容		配分	评价标准		检测记录	得分
零件加工（50分）	1	外圆尺寸	φ20、φ40、φ30、φ26	16	每处4分 超差不得分			
	2	长度尺寸	44mm、5mm、6mm(3处)	10	尺寸每处2分 超差不得分			
	3	槽宽	21mm、5mm(2处)	15	尺寸每处5分 超差不得分			
	4	锥度		3	超差不得分			
	5	倒角尺寸、去毛刺		3	不合格全扣			
	6	表面粗糙度		3	每处差一级扣1分			
程序与工艺（25分）	7	程序正确、完整		6	不合理每处扣1分			
	8	程序格式规范		5	不合理每处扣1分			
	9	工艺合理		5	不合理每处扣1分			
	10	程序参数选择合理		4	不合理每处扣1分			
	11	指令选用合理		5	不合理每处扣1分			
机床操作（17分）	12	零件装夹合理		3	不合理每处扣1分			
	13	刀具选择及安装正确		3	不合理每处扣1分			
	14	机床面板操作正确		4	不合理每处扣1分			
	15	意外情况处理合理		3	不合理每处扣1分			
	16	对刀及坐标系设定正确		4	不合理每处扣1分			
文明生产（8分）	17	安全操作		4	违反操作规程全扣			
	18	机床整理		4	不合格全扣			
记录员		监考员			检验员		考评员	

7.6 职业技能鉴定指导

7.6.1 知识技能复习要点

① 保证同轴度和垂直度有哪些方法？
② 车外圆时，工件表面产生锥度，简述其产生原因。
③ 什么是精基准？如何选择精基准？

7.6.2 理论复习题

(1) 选择题

① 程序段 G04 X5.0，表示（　　）。
A. X 坐标正方向移动 5mm　　　　B. 主轴暂停 5s

项目 7　槽轮类零件的加工

C. 主轴反向转动 5s　　　　　　D. 进给轴暂停 5s

② 在编制加工程序时，如果需要加延时的单位秒，准备功能 G04 后面跟着的相对应的地址是（　　）。

A. B　　　　B. C　　　　C. S　　　　D. X

③ 当粗车悬伸较长的轴类零件时，如果切削余量较大，可以采用（　　）方式进行加工，以防止工件产生较大的变形。

A. 大进给量　　　　　　　　　B. 高转速
C. 循环除去余量　　　　　　　D. 以上都可以

④ 车端面时，当刀尖中心低于工件中心时，易产生（　　）。

A. 表面粗糙度太高　　　　　　B. 端面出现凹面
C. 中心处有凹面　　　　　　　D. 以上都可以

⑤ 使用成形刀时，减少和防止振动的方法有以下几种（　　）。

A. 选用刚性较好的车床，并将各种间隙调整得较小
B. 成形刀安装时，对准工件中心
C. 选用较小的进给量和切削速度
D. 以上都可以

(2) 判断题

① 数控车床适宜加工轮廓形状特别复杂或难于控制尺寸的回转体零件、箱体类零件、精度要求高的回转体类零件、特殊的螺旋类零件等。（　　）

② 程序校验与首件试切的作用是检查机床是否正常，以保证加工的顺利进行。（　　）

③ 数控车床自动刀架的刀位数与其数控系统所允许的刀具数总是一致。（　　）

④ 外圆粗车循环方式适合于加工已基本铸造或锻造成形的工件。（　　）

⑤ 外圆车循环方式适合于加工棒料毛坯除去较大余量的切削。（　　）

项目8 螺纹轴零件的加工

8.1 项目导入

在数控机床上除了能加工轴类、套类、圆锥圆弧类等零件外，经常会遇到螺纹类零件，在各种机电设备上，带有螺纹的零件应用非常广泛。如图 8-1 所示螺纹轴零件毛坯为 32mm×65mm，材料为 45 钢，生产类型为单件或小批量生产，无热处理工艺要求。试正确设定工件坐标系，制订加工工艺方案，选择合理的刀具和切削工艺参数，正确编制数控加工程序并完成零件的加工。

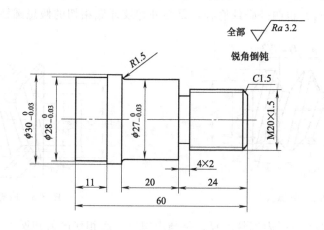

图 8-1 螺纹轴零件

8.2 项目分析

该零件主要由外圆、槽、螺纹、圆弧等形状组成。对于外圆、圆弧及槽的加工，可用已学过的 G0、G01、G02/G03、G90、G71 等指令编程加工；螺纹部位是普通三角形细牙右旋螺纹，可采用螺纹加工指令 G32、G92 及 G76 进行编程加工。数控车床上加工螺纹与普通车床加工螺纹既有相同之处，又有不同之处，加工过程中应加以注意。

8.3 知识准备

8.3.1 螺纹术语与计算

8.3.1.1 螺纹术语

(1) 螺旋线

用底边等于圆柱周长的直角三角形绕圆柱旋转一周,斜边在圆柱面上形成的曲线就是螺旋线。

(2) 螺纹

在圆柱表面上,沿着螺旋线所形成的,具有相同剖面的连续凸起和沟槽称为螺纹。沿向右上升的螺旋线形成的螺纹(即顺时针旋入的螺纹)称为右旋螺纹,简称右螺纹;沿向左上升的螺旋线形成的螺纹(即逆时针旋入的螺纹)称为左旋螺纹,简称左螺纹。在圆柱表面上形成的螺纹称为圆柱螺纹;在圆锥表面上形成的螺纹称为圆锥螺纹。在圆柱(圆锥)外表面形成的螺纹称为外螺纹;在圆柱(圆锥)内表面形成的螺纹称为内螺纹。

(3) 螺纹牙型、牙型角和牙型高度(如图 8-2 和图 8-3 所示)

螺纹牙型是在通过螺纹轴线的剖面上,螺纹的轮廓形状。牙型角 (α) 是在螺纹牙型上相邻两牙侧间的夹角。牙型高度 (h_1) 是在螺纹牙型上,牙底和牙顶间的垂直距离。

(4) 螺纹直径(如图 8-2 和图 8-3 所示)

外螺纹大径 (d) 也叫外螺纹顶径,是与外螺纹牙顶相切的假想圆柱或圆锥的直径。

外螺纹小径 (d_1) 也叫外螺纹底径,是与外螺纹牙底相切的假想圆柱或圆锥的直径。

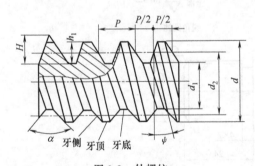

图 8-2 外螺纹

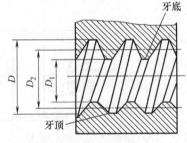

图 8-3 内螺纹

内螺纹大径 (D) 也叫内螺纹底径,是与内螺纹牙底相切的假想圆柱或圆锥的直径。

内螺纹小径 (D_1) 也叫内螺纹孔径,是与内螺纹牙顶相切的假想圆柱或圆锥的直径。

中径 (d_2、D_2) 是一个假想圆柱或圆锥的直径,该圆柱或圆锥的母线通过牙型上沟槽和凸起宽度相等的地方。同规格的外螺纹中径 d_2 和内螺纹中径 D_2 公称尺寸相等。

公称直径代表螺纹尺寸的直径,指螺纹大径的基本尺寸。

(5) 螺距 (P)

相邻两牙在中径线上对应两点间的轴向距离。

(6) 导程 (L)

在同一条螺旋线上,相邻两牙在中径线上对应两点间的轴向距离。导程可按下式计算:

$$L = nP$$

式中，L 为螺纹的导程，mm；n 为多线螺纹的线数；P 为螺距，mm。

(7) 螺纹升角（ψ）

在中径圆柱上，螺旋线的切线与垂直于螺纹轴线的平面之间的夹角。

$$\tan\psi = L/\pi d_2 = nP/\pi d_2$$

式中　ψ——螺纹升角；
　　　P——螺距，mm；
　　　d_2——中径，mm；
　　　L——导程，mm；
　　　n——多线螺纹的线数。

8.3.1.2 三角形螺纹代号及尺寸计算

三角形螺纹因其规格及用途不同分普通螺纹、英制螺纹和管螺纹三种。

(1) 普通螺纹

普通螺纹是我国应用最广泛的一种三角形螺纹，牙型角为 60°。牙型如图 8-4 所示。普通螺纹分粗牙普通螺纹和细牙普通螺纹。

粗牙普通螺纹代号用字母"M"及公称直径表示，如 M16、M18 等。细牙普通螺纹代号用字母"M"及公称直径×螺距表示，如 M20×1.5，M10×1 等。细牙普通螺纹与粗牙普通螺纹的不同点是，当公称直径相同时，细牙普通螺纹比粗牙普通螺纹的螺距小。左旋螺纹在代号末尾加注"LH"字，如 M6LH、M16×1.5LH 等，未注明的为右旋螺纹。螺纹

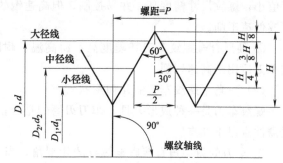

图 8-4　普通螺纹的基本牙型

公差带代号中，前者为中径的公差带代号，后者为顶径的公差带代号，两者相同时则只标一个，如 M16×1-6H7H。

普通螺纹基本尺寸的计算如表 8-1 所示。

表 8-1　普通螺纹基本尺寸的计算

	名称	代号	计算公式
外螺纹	牙型角	α	60°
	原始三角形高度	H	$H = 0.866P$
	牙型高度	h	$h = \dfrac{5}{8}H = \dfrac{5}{8} \times 0.866P = 0.5413P$
	中径	d_2	$d_2 = d - 2 \times \dfrac{3}{8}H = d - 0.6495P$
	小径	d_1	$d_1 = d - 2h = d - 1.0825P$
内螺纹	中径	D_2	$D_2 = d_2$
	小径	D_1	$D_1 = d_1$
	大径	D	$D = d =$ 公称直径
	螺纹升角	ψ	$\tan\psi = \dfrac{nP}{\pi d_2}$

(2) 英制螺纹

英制三角形螺纹在我国应用较少，是一种非标准螺纹，只有在某些进口设备中或维修旧设备时才可能遇到。英制螺纹的牙型角为55°，公称直径是指内螺纹的大径，用英寸表示。英制螺纹1in内的牙数及各基本要素的尺寸可以通过查手册获得。

(3) 管螺纹

管螺纹是一种特殊的英制细牙螺纹，使用范围仅次于普通螺纹，牙型角有55°和60°两种。为了方便计算管子中流量，通常将管子的孔径作为管螺纹的公称直径。常见的管螺纹有55°非密封管螺纹、55°密封管螺纹、60°密封管螺纹和米制锥螺纹四种。

8.3.1.3 三角螺纹车刀

车削螺纹时，合理选择车刀的材料、正确刃磨和装夹车刀，对螺纹的加工质量和生产效率都有很大的影响。一般情况下，螺纹车刀切削部分常用的材料有高速钢和硬质合金两种。

(1) 高速钢和硬质合金车刀的特点

① 高速钢螺纹车刀容易磨得锋利，而且韧性好，刀尖不易崩裂。车出的螺纹表面粗糙度值小，螺纹尺寸精度高，并易控制，但高速钢的耐热性较差。因此，只适用于螺纹的精加工或低速车削。

② 硬质合金螺纹车刀其硬度高、耐高温、耐磨性好，但韧性较差。因此，硬质合金螺纹车刀适用于高速切削。

(2) 三角形螺纹车刀的几何形状

螺纹车刀是一种成形刀具，车刀刃磨的是否正确，直接影响加工螺纹的质量，刃磨的时候需注意以下几点。

① 车刀的刀尖角直接影响螺纹的牙型角，当车刀的纵向前角为0°时，刀尖角应等于螺纹牙型角。

② 车刀的左右切削刃必须是直线。

③ 车刀刀头应有较小的表面粗糙度值。

小提示：

在用高速钢车刀低速车削螺纹时，一般纵向前角取正值（5°~10°），如选择0°的纵向前角，会造成切屑排出困难、粗糙度值较大的问题。但是当纵向前角为正值时，必须使刀尖角小于牙型角，才能车出正确的牙型角。硬质合金车刀一般取纵向前角为0°。

(3) 三角形螺纹车刀的装夹要求

螺纹车刀装夹是否正确，对车出的螺纹质量有很大影响，装夹螺纹车刀时应注意以下几个方面。

① 装夹车刀时，刀尖一般应对准工件中心（可根据尾座顶尖高度检查）。

② 车刀刀尖角的对称中心线必须与工件轴线垂直，装刀时可用样板来对刀，如图8-5（a）所示。如果把车刀装歪，就会产生如图8-5（b）所示的牙型歪斜。

③ 刀头伸出不要过长，一般伸出长度为刀柄厚度的1.5倍，约25~30mm。

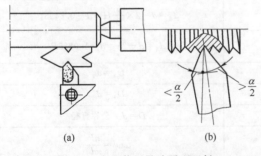

图8-5 车刀装歪导致牙型歪斜

8.3.1.4 三角螺纹车刀车螺纹常用指令

(1) 单行程螺纹切削指令 G32

① 指令格式

G32 X(U)　Z(W)　F　；

X(U)Z(W)——螺纹切削的终点坐标值；

F——螺纹导程。

② 指令说明

a. X、U 省略时为圆柱螺纹切削，Z、W 省略时为端面螺纹切削。

b. 用 G32 指令可以切削直螺纹、锥螺纹、端面螺纹和连续的多段螺纹。

c. G32 为模态指令。

（2）螺纹切削循环指令 G92

螺纹切削循环指令把"切入—螺纹切削—退刀—返回"4 个动作作为一个循环，用一个程序段来表示。

① 指令格式

G92 X(U)　Z(W)　R　F　I　；

X(U)Z(W)——螺纹切削的终点坐标值；

R——切削螺纹起点和终点的半径值（有正负）；

F——螺纹导程（单线螺纹的螺距等于导程）；

I——每英寸的牙数（用于加工英制螺纹）。

② 指令说明

a. 切削圆柱螺纹时，R 为 0，可省略；切削锥螺纹时，R 为圆锥螺纹起点和终点半径差，R 的正负号取决于螺纹切削的始点和终点坐标。当始点坐标值小于终点坐值时，R 取负值；反之取正值。

b. G92 为模态指令。

c. 应用范围：螺纹切削循环（G92）指令可用于对圆柱或圆锥螺纹的车削加工。

③ 切削路径　G92 指令切削循环路径如图 8-6 所示。

每运行一句 G92 指令，车刀按 1(R)（快进）→2(F)（切削）→3(R)（快退）→4(R)（快退）的运动轨迹循环。在螺纹末端有退尾过程：在螺纹退尾长度处，刀具沿 Z 轴继续进行螺纹插补的同时，在 X 轴方向上沿退刀方向加速退出，在 Z 轴方向上到达切削终点后，X 轴再快速退出。

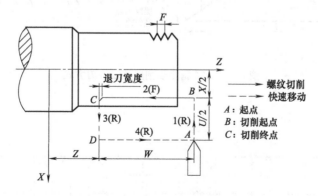

图 8-6　G92 指令切削循环路径

（3）螺纹切削多次循环指令 G76

① 指令格式

G76 螺纹切削指令的格式需要同时用两条指令来定义，其格式为：

G76 P(m) (γ) (α) Q___ R___ ;

G76 X(U) Z(W) R(i) P(k) Q(Δd) F(L) ;

m：精车重复次数，从 1～99，该参数为模态量。

$γ$：螺纹尾端倒角值，该值的大小可设置在 0～9.9L 之间，系数应为 0.1 的整数倍，用 00～99 之间的两位整数来表示，其中 L 为螺距。该参数为模态量。

$α$：刀具角度，可从 80°、60°、55°、30°、29°和 0°六个角度中选择，用两位整数来表示。该参数为模态量。

m、$γ$ 和 $α$ 用地址 P 同时指定，例如：$m=2$，$γ=1.2L$，$α=60°$，表示为 P021260。

Q：最小车削深度，用半径编程指定。车削过程中每次的车削深度为（$Δd-Δd$），当计算深度小于这个极限值时，车削深度锁定在这个值。该参数为模态量。

R：精车余量，用半径编程指定。该参数为模态量。

X(U)、Z(W)：螺纹终点坐标。

i：螺纹锥度值，用半径编程指定。如果 R=0 则为直螺纹。

k：螺纹高度，用半径编程指定。

$Δd$：第一次车削深度，用半径编程指定。

L：螺距。

② 指令说明　G76 螺纹切削多次循环指令较 G32、G92 指令简洁，在程序中只需指定一次有关参数，则螺纹加工过程自动进行。指令执行过程如图 8-7 所示。

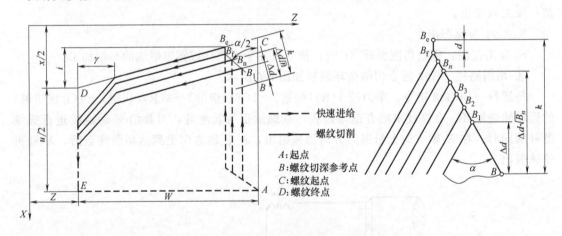

图 8-7　G76 指令切削路线及进刀方式

记一记：

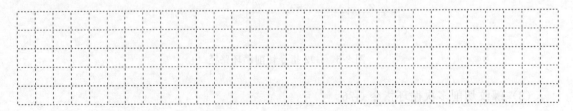

8.3.2 螺纹计算

螺纹加工中，每次吃刀的进刀量（背吃刀量）与走刀次数会直接影响螺纹的加工质量，车削螺纹的走刀次数和背吃刀量参考数据，见表 8-2。

表 8-2 车削螺纹的走刀次数和背吃刀量参考数据

螺距/mm		1.0	1.5	2.0	2.5	3.0	3.5	4.0
牙深（半径值）/mm		0.649	0.974	1.299	1.624	1.949	2.273	2.598
切削次数及背吃刀量（直径值）	1 次	0.7	0.8	0.9	1	1.2	1.5	1.5
	2 次	0.4	0.6	0.6	0.7	0.7	0.7	0.8
	3 次	0.2	0.4	0.4	0.6	0.6	0.6	0.6
	4 次		0.16	0.4	0.4	0.6	0.6	0.6
	5 次			0.1	0.4	0.4	0.4	0.4
	6 次				0.15	0.4	0.4	0.4
	7 次					0.2	0.2	0.4
	8 次						0.15	0.3
	9 次							0.2

记一记：

8.4 项目实施

8.4.1 加工工艺设计

（1）零件的装夹

使用一夹一顶的形式装夹，因车螺纹时切削力大，所以夹紧力要大。

（2）选择刀具

选用 90°外圆车刀，主偏角 93°、4mm 切槽刀、60°外螺纹车刀，材料为 YT1。制订刀具卡片，见表 8-3。

表 8-3 数控加工刀具卡片

产品名称或代号：				零件名称：螺纹轴			零件图号：
序号	刀具号	刀具规格及名称	材质	数量	加工表面		备注
1	T01	90°外圆车刀	YT15	1	粗精车外圆、端面、圆弧面		R0.2
2	T02	4mm 切槽刀	YT15	1	切槽		
3	T03	60°外螺纹车刀	YT15	1	车螺纹		
编制：				审核：			

(3) 确定加工工艺

以零件右端面与轴线交点为零件编程坐标系原点，工艺路线安排如下。

① 车削工件左端面。

② 粗车28mm、30mm外圆，留粗加工余量0.5mm。

③ 精车28mm、30mm外圆至尺寸要求。

④ 掉头车削零件右端面，保证总长尺寸60mm符合要求。

⑤ 粗车零件φ27mm外圆、M20mm×1.5mm螺纹外圆，留精加工余量0.5mm。

⑥ 精车零件φ27mm外圆、M20mm×1.5mm螺纹外圆至尺寸要求。

⑦ 车4mm×2mm螺纹退刀槽至尺寸。

⑧ 车M20mm×1.5mm外螺纹至尺寸要求。

⑨ 去毛刺。

制订加工工艺卡片，见表8-4。

表8-4 数控加工工艺卡片

零件名称:轴套零件		零件图号:		工件材质:45钢		
工序号	程序编写	夹具名称		数控系统	车间	
1	O0001	三爪自定心卡盘		FANUC 0i		
工步号	工步内容	刀具号	主轴转速/(r/min)	进给量/(mm/r)	背吃刀量/mm	备注
1	钻孔		500			手动
2	车左端面	T01	1000	0.15	1	自动
3	粗车φ28	T01	1000	0.15	2	自动
4	精车φ28	T01	1000	0.1	1	自动
5	粗车φ30	T01	800	0.15	2	自动
6	精车φ30	T01	800	0.1	1	自动
工序号	程序编写	夹具名称		数控系统	车间	
2	O0002	三爪自定心卡盘		FANUC 0i		
工步号	工步内容	刀具号	主轴转速/(r/min)	进给量/(mm/r)	背吃刀量/mm	备注
1	掉头、车右端面	T01	1000	0.15	1	自动
2	粗车φ27外圆，余量0.5mm	T01	1000	0.15	0.5	自动
3	精车φ27外圆	T01	1000	0.1	0.5	自动
4	粗车φ20外圆，余量0.5mm	T01	800	0.15	1	自动
5	精车φ20外圆	T01	900	0.1	0.5	自动
6	车削退刀槽	T02	500	0.05		自动
7	螺纹车削	T03	500	1.5		自动
编制:		审核:		批准:		

记一记：

8.4.2 加工程序的编写

螺纹部分的加工，可以采用 G32、G92 指令也可以采用 G76 指令进行加工，下面就用和 G92 指令编写本项目的加工程序，见表 8-5、表 8-6。

(1) 左端加工程序（见表 8-5）

表 8-5 螺纹轴左端加工程序

加工程序	程序说明
%	
O0001;	程序名
T0101 M03 S900 F0.15;	主轴正转，转速 900r/min，选择 1 号刀位 1 号刀补
G00 X32. Z2.;	1 号刀具快速移动到达循环起点
G71 U1.5 R1.;	G71 粗车循环指令
G71 P10 Q20 U0.2 W0 F0.2;	
N10 G01 X0;	精加工程序
Z0.;	
X28.;	
Z-11.;	
X30.;	
Z-16.;	
N20 G01 X32.;	
G70 P10 Q20 F0.1 S1100;	精车循环指令，主轴转速 1100r/min
G00 X100. Z100.;	1 号刀具快速退刀
M05;	主轴停止
M30;	程序结束，光标返回程序头
%	

(2) 右端加工程序（见表 8-6）

表 8-6 螺纹轴右端加工程序（用复合循环指令 G71 与 G92 编写）

加工程序	程序说明
%	
O0001;	程序名

续表

加工程序	程序说明
T0101 M03 S900 F0.15;	主轴正转,转速900r/min,选择1号刀位1号刀补
G00 X32.Z2.;	1号刀具快速移动到达循环起点
G71 U1.5 R1.; G71 P10 Q20 U0.2 W0 F0.2;	G71粗车循环指令
N10 G42 G01 X0;	精加工程序
Z0.;	
X17.;	
X20.Z−1.5;	
Z−24.;	
X27.;	
Z−42.5;	
G02 X30.Z−44.R1.5;	
N20 G40 G01 X32.;	
G70 P10 Q20 F0.1 S1100	精车循环转速1100r/min
G00 X100.Z100.	1号刀快速退刀
T0202 M03 S500;	转换为2号刀位2号刀补,主轴正转,转速500r/min
G00 X28. Z−24.;	2号刀具快速移动到达循环起点
G01 X16.F0.05.;	切槽
X28.;	
G00 X100.;	2号刀快速退刀
Z100.;	
T0303 M03 S500;	转换为3号刀位3号刀补,主轴正转,转速500r/min
G00 X20.Z2.;	3号刀具快速移动到达循环起点
G92 X20.Z−22.F1.5;	切削螺纹到达指定位置
X19.;	
X18.3;	
X18.05;	
X18.05;	
G00 X100.Z100.;	3号刀快速退刀
M05;	主轴停止
M30;	程序结束,光标返回程序头

记一记：

8.4.3 宇龙仿真模拟加工

对图 8-1 所示零件进行模拟加工的操作步骤如下。

(1) 定义毛坯

单击工具栏定义毛坯按钮 ⬜，选择形状为圆柱形，设置图 8-8 所示的毛坯尺寸 φ32×65mm。

(2) 定义刀具

定义刀具如表 8-7 所示。

单击工具栏上的选择刀具按钮 🔧，将表 8-7 所示的刀具安装在对应的刀位。安装刀具时先选择刀位，再依次选择刀片、刀柄等，完成如图 8-9 所示。

(3) 安装并移动工件装卡位置

单击工具栏上的放置零件按钮 ⬛，弹出"选择零件"窗口；选择前面定义的毛坯，单击"安装零件"按钮以确认退出"零件选择"窗口，弹出移动工件按钮，如图 8-10 所示。

单击 ➡ 按钮，将零件向右移动到最远的位置，如图 8-11 所示，每次移动一次，位移为 10mm。

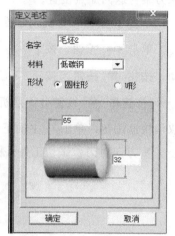

图 8-8 定义毛坯

表 8-7 刀具参数

序号	刀具号	刀具规格及名称	材质	数量
1	T01	35°外圆车刀,主偏角 92°	YT15	1
2	T02	4mm 切槽刀	YT15	1
3	T03	60°外螺纹车刀	YT15	1

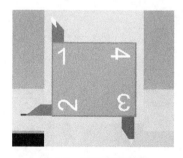

图 8-9 刀具安装结果

图 8-10 移动工件按钮

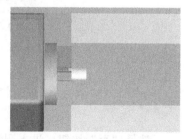

图 8-11 工件装卡位置

(4) 编辑与导入程序

如果加工程序需要在数控系统中直接编辑，则需要新建程序。参照项目五中讲解方法进行编辑与导入程序。

（5）对刀

① 对 1 号刀（外圆车刀）　外圆车刀对刀方法参照项目五中讲解方法

② 对 2 号刀（切槽车刀）　切槽车刀对刀方法参照项目七中讲解方法

③ 对 3 号刀（螺纹车刀）

a. 工件试切。单击 按钮，将机床设置为返回原点模式，单击 和 按键，机床刀架台返回原点位置。

单击 按钮，将机床设置为手动模式。

单击 按钮，按下 快速按钮，使机床以叠加速度沿机床 Z 方向负方向快速移动，按住 按钮，按下 快速按钮，使刀具沿机床 X 方向负方向靠近工件移动； 按键和 按键分别是机床 Z 和 X 方向正方向，即远离工件方向。当刀具靠近工件时取消快速按钮，单击 主轴正转按钮，启动主轴。

X 方向对刀：试切工件外圆直径，然后使主轴停止，如图 8-12 所示。

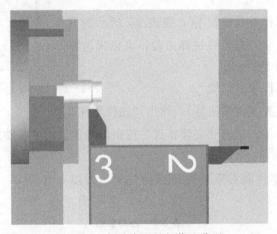

图 8-12　螺纹车刀试切停止位置

b. 试切尺寸测量。单击按钮，停止主轴旋转，单击菜单软键［测量］，执行"剖面图测量"命令，弹出图 8-13 所示提示界面。

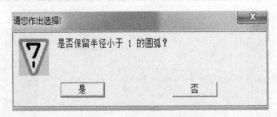

图 8-13　半径测量提示界面

选择"否"按钮，进入测量窗口，如图 8-14 所示。

在剖面图上单击刚试切的圆柱面，系统会自动测量试切圆柱面的直径和长度，测量结果会高亮显示出来，本例试切直径结果为 28.667，长度为 12.199。

c. 设置刀偏。因为程序中使用 T 指令调用工件坐标系，所以应该用 T 指令对刀。

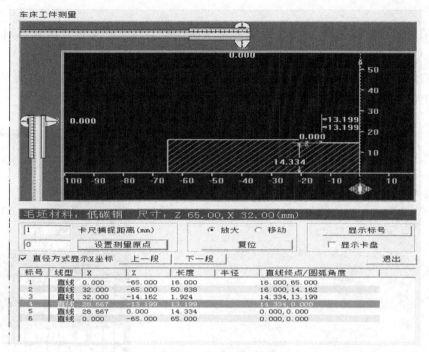

图 8-14 半径测量提示界面

单击 [OFS/SET] 按键，再单击菜单软键 [形状] 进入刀偏设置窗口，如图 8-15 所示。

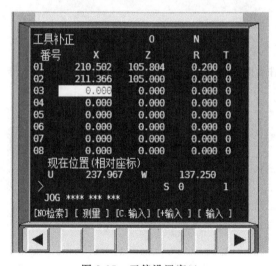

图 8-15 刀偏设置窗口

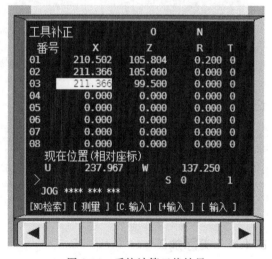

图 8-16 系统计算刀偏结果

使用 ↑ ↓ ← → 键，将光标移动到"03"刀补，在缓冲区输入"X28.667"，单击菜单软键 [测量]，系统计算出 X 方向刀偏，在缓冲区输入"Z-12.199"，单击菜单软键 [测量]，系统计算出 Z 方向刀偏。如图 8-16 所示。

（6）自动运行程序

单击 按钮，将机床设置为自动运行模式。

单击工具栏上的"□"图标以显示俯视图，单击 键，在机床模拟窗口进行程序

项目 8 螺纹轴零件的加工 135

校验。

校验结束无问题时，单击 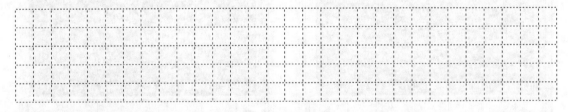 进行加工左端面。加工完成后掉头再次完成对刀与导入程序。

进行右端加工。因为零件还需要掉头并再次保证总长，所以需要再次 Z 向对刀。单击操作面板上的循环启动按钮，程序开始执行。加工结果如图 8-17 所示。

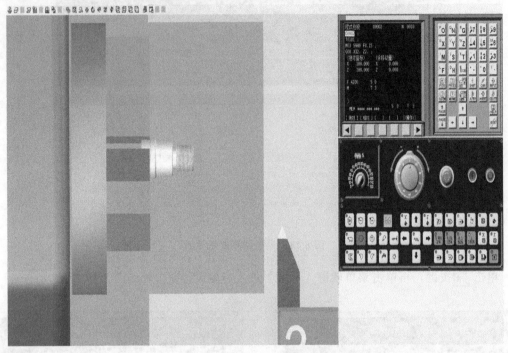

图 8-17　螺纹轴零件模拟仿真加工图

记一记：

8.4.4　实际加工

（1）工件与刀具的安装

工件装夹在三爪自定心卡盘软爪上，装夹要牢固。车刀安装时不宜伸出过长，车孔刀刀尖高度应与机床中心等高或略高，螺纹车刀中心线必须与工件中心垂直，以保证阶牙型角对称。

（2）对刀并输入刀补值

三把刀分别对刀，然后正确输入对应的刀补值。

（3）数控加工与精度控制

① 数控加工　首件加工应单段运行，通过机床控制面板上的【倍率选择】按钮修正加

工参数，然后自动运行加工，当程序暂停时可以对加工尺寸进行检测，以保证精度要求。

② 精度控制　加工过程中，各尺寸精度都要保证在公差范围之内，如出现误差可采用刀补修正法进行修正。

(4) 零件检测

① 修整工件，去毛刺等。

② 尺寸精度检测。用外径千分尺检测 $\phi 30$、$\phi 28$、$\phi 27$ 外圆尺寸，用圆弧样板检测圆弧，用螺纹环规对螺纹进行检测，其他尺寸用游标卡尺测量。

③ 表面质量检测。用粗糙度样板对比检测零件加工表面质量。

记一记：

8.5　任务评价

螺纹轴零件评分标准见表 8-8。

表 8-8　螺纹轴零件评分标准

姓名		零件名称		轴套轴	时间	120min	总得分	
项目	序号	检查内容		配分	评价标准		检测记录	得分
零件加工（50分）	1	外圆尺寸	$\phi 27_{-0.03}^{0}$ mm、$\phi 28_{-0.03}^{0}$ mm、$\phi 30_{-0.03}^{0}$ mm	15	每处5分 超差不得分			
	2	长度尺寸	60mm、24mm、20mm、5mm	8	尺寸每处2分 超差不得分			
	3	槽	4mm×2mm	2	超差不得分			
	4	螺纹尺寸	外径	2	超差不得分			
			牙型	2				
			中径	5				
			表面粗糙度	3				
	5	倒角尺寸、去毛刺		3	不合格全扣			
	6	表面粗糙度		10	每处差一级扣1分			
程序与工艺（25分）	7	程序正确、完整		6	不合理每处1分			
	8	程序格式规范		5	不合理每处1分			
	9	工艺合理		5	不合理每处1分			
	10	程序参数选择合理		4	不合理每处1分			
	11	指令选用合理		5	不合理每处1分			

续表

姓名		零件名称	轴套轴	时间	120min	总得分	
项目	序号	检查内容	配分	评价标准		检测记录	得分
机床操作 (17分)	12	零件装夹合理	3	不合理每处扣1分			
	13	刀具选择及安装正确	3	不合理每处扣1分			
	14	机床面板操作正确	4	不合理每处扣1分			
	15	意外情况处理合理	3	不合理每处扣1分			
	16	对刀及坐标系设定正确	4	不合理每处扣1分			
文明生产 (8分)	17	安全操作	4	违反操作规程全扣			
	18	机床整理	4	不合格全扣			
记录员		监考员		检验员		考评员	

8.6 职业技能鉴定指导

8.6.1 知识技能复习要点

① 车一对互配的内外螺纹，配好后螺母掉头却拧不进，分析原因。
② 车螺纹时，牙型不正确，分析其产生的原因。

8.6.2 理论复习题

(1) 选择题
① G32 螺纹车削中的 F 为（　　）。
A. 螺距　　　B. 导程　　　C. 螺纹高度　　　D. 每分钟进给速度
② 程序段 G32 X23.2 Z−25.0 F1.5 用于加工（　　）螺纹。
A. M24×1.5　　B. M12×1.5　　C. M24×2.0　　D. M32×1.5
③ 螺纹车削采用斜进法进刀的指令是（　　）。
A. G32　　　B. G82　　　C. G76　　　D. G73
④ G76 指令主要用于（　　）螺纹加工。
A. 小螺距　　B. 多线　　　C. 大螺距　　　D. 单线
⑤ 直进法常用于车削螺距小于（　　）的螺纹。
A. 2mm　　　B. 3mm　　　C. 4mm　　　D. 5mm

(2) 判断题
① G32 表示切削液关的指令。（　　）
② 螺纹车削时，主轴转速越高越好。（　　）
③ G82 功能为单一的螺纹切削循环，可以加工直螺纹和锥螺纹。（　　）
④ G32、G82、G76 均能加工多线螺纹。（　　）
⑤ 数控系统的 G76 指令可以完成螺纹切削复合循环加工。（　　）

项目9 椭圆轴零件的加工

9.1 项目导入

在数控机床上除了能加工带有圆柱面、圆锥面、螺纹、圆弧、槽的零件外，有时还会遇到带有椭圆、抛物线的零件。如图 9-1 所示为一椭圆轴零件，毛坯为 $\phi40\times100$mm，材料为 45 钢，生产类型为单件或小批量生产，无热处理工艺要求。试正确设定工件坐标系，制订加工工艺方案，选择合理的刀具和切削工艺参数，正确编制数控加工程序并完成零件的加工。

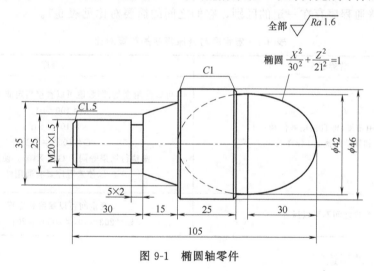

图 9-1 椭圆轴零件

9.2 项目分析

图 9-1 所示的零件，其材料为 45 钢，毛坯尺寸为 $\phi40\times110$mm，该零件表面由螺纹、槽、锥面、外圆及椭圆构成，零件外形较复杂。零件左端螺纹、槽、锥面及圆柱面的加工，可用前面所学的直线插补、螺纹插补、固定循环复合循环等指令来完成。但对于加工零件右端的椭圆而言，则较为困难，原因是数控系统没有椭圆插补功能，它本身提供的直线插补和圆弧插补不能直接用于加工椭圆。如果用宏程序来编写椭圆的程序，能使程序编制容易，程序简洁。

9.3 知识准备

9.3.1 宏程序的概念

(1) 宏程序的概念

宏程序的实质与子程序相似，它是把一组实现某种功能的指令，以子程序的形式预先存储在系统存储器中，通过宏程序调用指令执行这一功能，在主程序中只要编入相应的调用指令就能实现这些功能，如图9-2所示。

一组以子程序的形式存储并带有变量的程序称为用户宏程序，简称宏程序；调用宏程序的指令就称为用户宏程序指令或宏程序调用指令，简称宏指令。

简要说来，宏程序就是可以用函数公式来描述工件的轮廓或曲面。比如对椭圆进行编程加工，即只需把椭圆公式输入到系统中，然后给出 Z 坐标，并且每次加 10，那么宏就会自动算出 X 坐标，并且进行切削。实际上宏在程序中主要起到的是运算作用。

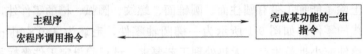

图9-2 宏程序

宏程序与普通程序存在一定的区别，它们之间的简要对比见表9-1。

表9-1 宏程序与普通程序的简要对比

普通程序	宏程序
只能使用常量，即直接用数值指定 G 代码和移动距离，如 G01 X40.	可以使用变量；即数值可以直接指定或用变量指定，如 #100=01； #101=40； G#100X#101； 则执行结果等同于 G01 X40.。使用变量可以使宏程序具有通用性
常量之间不可以运算	变量间可以赋值和运算； 如#203=40，#205=#201+#202

(2) 宏程序的用途

① 采用宏程序编写非圆曲线的加工程序，如椭圆、双曲线、抛物线等。

② 采用宏程序编写大批相似零件的加工程序，这样只需要改动几个数据就可以了，没有必要进行大量重复编程。

(3) 宏程序的种类

宏程序分为 A 类和 B 类两种。它们的主要区别在于运算指令的不同：B 类宏程序类似于数学运算，可用各种数学符号直接表达各种数学运算和逻辑关系；而 A 类宏程序需要使用 "G65 Hm" 格式的宏指令来表达各种数学运算和逻辑关系。例如要表达#201、#202 和 #205 三个变量的加法运算关系时，在 B 类宏程序中可直接写成表达式 "#205=#201+#202;"，而在 A 类宏程序中要写成："G65 H02P#205Q#201R#202"。

因此 B 类宏程序比 A 类宏程序的直观性和可读性要好。本任务将主要介绍 B 类宏程序的使用。

记一记：

9.3.2 用宏程编程的优点

① 宏程序引入了变量和表达式，还有函数功能，具有实时动态计算能力，可以加工非圆曲线，如抛物线、椭圆、双曲线、三角函数曲线等。
② 宏程序可以完成图形一样、尺寸不同的系列零件加工。
③ 宏程序可以完成工艺路径一样、位置不同的系列零件加工。
④ 宏程序具有一定决策能力，能根据条件选择性地执行某些部分。
⑤ 使用宏程序能极大地简化编程，精简程序。适合于复杂零件加工的编程。

记一记：

9.3.3 变量

用一个可赋值的代号代替具体的数值，这个代号就称为变量。宏程序的优点是可以用变量代替具体数值，因而在加工同一类零件时，只需将实际的值赋予变量即可，不需要对每一个零件都编写一个程序。

(1) 宏变量

先看一段简单的程序：

G00 X25.0；

上面的程序在 X 轴作一个快速定位。其中数据 25.0 是固定的，引入变量后可以写成：

#1= 25.0；   #1 是一个变量

G00 X[#1]；   #1 就是一个变量

宏程序中，用"#"号后面紧跟 1~4 位数字表示一个变量，如#1，#50，#101，…。变量有什么用呢？变量可以用来代替程序中的数据，如尺寸、刀补号、G 指令编号…，变量的使用，给程序的设计带来了极大的灵活性。

使用变量前，变量必须带有正确的值。如

#1= 25；

G01 X[#1] ;表示 G01 X25
#1= -10 ;运行过程中可以随时改变#1 的值
G01 X[#1] ;表示 G01 X- 10

用变量不仅可以表示坐标，还可以表示 G、M、F、D、H、M、X、Y 等各种代码后的数字。如：

#2= 3 ;
G[#2] X30 ;表示 G03 X30

例如： 使用了变量的宏子程序。

% 1000 ;
#50= 20 ;先给变量赋值
M98 P1001 ;然后调用子程序
#50= 350 ;重新赋值
M98 P1001 ;再调用子程序
M30 ;
% 1001 ;
G91 G01 X[#50] ;同样一段程序，#50 的值不同，X 移动的距离就不同
M99 ;

(2) 局部变量

编号♯0～♯49 的变量是局部变量。局部变量的作用范围是当前程序（在同一个程序号内）。如果在主程序或不同子程序里，出现了相同名称（编号）的变量，它们不会相互干扰，值也可以不同。

例如：

% 100 ;
N10 #3= 30 ;主程序中#3 为 30
M98 P101 ;进入子程序后#3 不受影响
#4= #3 ;   #3 仍为 30，所以#4= 30
M30 ;
% 101 ;
#4= #3 ;这里的#3 不是主程序中的#3，所以#3= 0(没定义)，则：#4= 0
#3= 18 ;这里#3 的赋值为 18，不会影响主程序中的# 3
M99 ;

(3) 全局变量

编号♯50～♯199 的变量是全局变量（注：其中♯100～♯199 也是刀补变量）。全局变量的作用范围是整个零件程序。不管是主程序还是子程序，只要名称（编号）相同就是同一个变量，带有相同的值，在某个地方修改它的值，所有其他地方都受影响。

例如：

% 100 ;
N10 #50= 30 ;先#50 赋值为 30
M98 P101 ;进入子程序
#4= #50 ;   #50 变为 18，所以#4= 18

```
M30 ;
% 101 ;
#4= #50 ;          #50 的值在子程序里也有效,所以#4= 30
#50= 18 ;          这里#50 赋值为 18,然后返回
M99
```

为什么要把变量分为局部变量和全局变量？如果只有全局变量，由于变量名不能重复，就可能造成变量名不够用；全局变量在任何地方都可以改变它的值，这是它的优点，也是它的缺点。说是优点，是因为参数传递很方便；说是缺点，是因为当一个程序较复杂的时候，一不小心就可能在某个地方用了相同的变量名或者改变了它的值，造成程序混乱。局部变量的使用，解决了同名变量冲突的问题，编写子程序时，不需要考虑其他地方是否用过某个变量名。

什么时候用全局变量？什么时候用局部变量？在一般情况下，应优先考虑选用局部变量。局部变量在不同的子程序里，可以重复使用，不会互相干扰。如果一个数据在主程序和子程序里都要用到，就要考虑用全局变量。用全局变量来保存数据，可以在不同子程序间传递、共享以及反复利用。

刀补变量（♯100～♯199）里存放的数据可以作为刀具半径或长度补偿值来使用。如
♯100＝8 ；
G41 D100 ；D100 就是指加载♯100 的值 8 作为刀补半径

注意：

上面的程序中，如果把 D100 写成了 D［♯100］，则相当于 D8，即调用 8 号刀补，而不是补偿量为 8。

（4）系统变量

♯300 以上的变量是系统变量。系统变量是具有特殊意义的变量，它们是数控系统内部定义好了的，不可以改变它们的用途。系统变量是全局变量，使用时可以直接调用。

♯0～♯599 是可读写的，♯600 以上的变量是只读的，不能直接修改。

其中，♯300～♯599 是子程序局部变量缓存区。这些变量在一般情况下，不用关心它的存在，也不推荐去使用它们。要注意同一个子程序，被调用的层级不同时，对应的系统变量也是不同的。♯600～♯899 是与刀具相关的系统变量。

♯1000～♯1039 是坐标相关系统变量。♯1040～♯1143 是参考点相关系统变量。

♯1144～♯1194 是系统状态相关系统变量。有时候需要判断系统的某个状态，以便程序作相应的处理，就要用到系统变量。

（5）常量

PI 表示圆周率，TRUE 表示条件成立（真），FALSE 表示条件不成立（假）。

记一记：

9.3.4 变量的算术和逻辑运算

在宏程序编写中，有些值需用运算式编写，由系统自动运算完成取值，运算可以在变量中执行。运算符右侧的表达式，可以含有常量、逻辑运算、函数或运算符组成的变量；表达式中的变量♯j和♯k也可以是常数；左侧的变量也可以用表达式赋值。在将程序输入系统时，需输入数控系统规定的运算符，数控系统方可识别运算。

(1) 算术运算符

加＋，减－，乘＊，除/。

(2) 条件运算符（见表9-2）

表 9-2 条件运算符

宏程序运算符	EQ	NE	GT	GE	LT	LE
数学意义	=	≠	>	≥	<	≤

条件运算符用在程序流程控制 IF 和 WHILE 的条件表达式中，作为判断两个表达式大小关系的连接符。

注意：

宏程序条件运算符与计算机编程语言的条件运算符表达习惯不同。

(3) 逻辑运算符

在 IF 或 WHILE 语句中，如果有多个条件，用逻辑运算符来连接多个条件。

AND（且）：多个条件同时成立才成立。

OR（或）：多个条件只要有一个成立即可。

NOT（非）：取反（如果不是）。

例如：

#1 LT 50 AND #1 GT 20 表示：[#1< 50]且[#1> 20]

#3 EQ 8 OR #4 LE 10 表示：[#3= 8]或者[#4≤10]

有多个逻辑运算符时，可以用方括号来表示结合顺序，如：

NOT[#1 LT 50 AND #1 GT 20]表示：如果不是"#1< 50 且 #1> 20"

更复杂的例子，如：

[#1 LT 50] AND [#2 GT 20 OR #3 EQ 8] AND [#4 LE 10]

(4) 函数

正弦：SIN [α]。余弦：COS [α]。正切：TAN [α]。注：α为角度，单位是弧度值。

反正切：ATAN [α]（返回：(°)，范围：－90～＋90）

反正切：ATAN2 [a]/[b]（返回：(°)，范围：－180～＋180）（注：华中数控暂不支持）。

绝对值：ABS [a]，表示 $|a|$。

取整：INT [a]，采用去尾取整，非"四舍五入"。

取符号：SIGN [a]，a 为正数返回 1，0 返回 0，负数返回－1。

开平方：SQRT [a]，表示 $\sqrt{a}$。

指数：EXP [a]，表示 e^a。

(5) 表达式与括号

包含运算符或函数的算式就是表达式。表达式里用方括号来表示运算顺序。宏程序中不用圆括号,因圆括号是注释符。

例如　175/SQRT[2] * COS[55 * PI/180];

#3* 6 GT 14;

(6) 运算符的优先级

方括号→函数→乘除→加减→条件→逻辑。

技巧:常用方括号来控制运算顺序,更容易阅读和理解。

(7) 赋值号＝

把常数或表达式的值送给一个宏变量称为赋值,格式如下:

宏变量＝常数或表达式

例如　#2= 175/SQRT[2] * COS[55 * PI/180];

#3= 124.0;

#50= #3+ 12;

特别注意,赋值号后面的表达式里可以包含变量自身,如:

♯1＝♯1+4;此式表示把♯1 的值与 4 相加,结果赋给♯1。这不是数学中的方程或等式,如果♯1 的值是 2,执行♯1＝♯1+4 后,♯1 的值变为 6。

记一记:

9.3.5　程序流程控制

程序流程控制形式有许多种,都是通过判断某个"条件"是否成立来决定程序走向的。所谓"条件",通常是指对变量或变量表达式的值进行大小判断的式子,称为"条件表达式"。华中数控系统有两种流程控制命令:IF-ENDIF,WHILE-ENDW。

(1) 条件分支 IF

需要选择性地执行程序,就要用 IF 命令。

格式 1:(条件成立则执行)

IF 条件表达式

条件成立执行的语句组

ENDIF

功能:

条件成立执行 IF 与 ENDIF 之间的程序,不成立就跳过。其中 IF、ENDIF 称为关键词,不区分大小写。IF 为开始标识,ENDIF 为结束标识。IF 语句的执行流程如图 9-3 所示。

例如:

```
IF #1 EQ 10;        如果#1= 10
M99;         成立则执行此句(子程返回)
ENDIF;        条件不成立,跳到此句后面
```
例如:
```
IF   #1 LT 10 AND #1 GT 0;        如果#1< 10 且 #1> 0
G01 x20;      成立则执行
Y15;
ENDIF;         条件不成立,跳到此句后面
```
格式 2:(二选一,选择执行)

形式:

IF 条件表达式

条件成立执行的语句组

ELSE

条件不成立执行的语句组

ENDIF

例如:
```
IF #51 LT 20;
G91 G01 X10 F250;
ELSE;
G91 G01 X35 F200;
ENDI
```
功能:

条件成立执行 IF 与 ELSE 之间的程序,不成立就执行 ELSE 与 ENDIF 之间的程序。IF 语句的执行流程如图 9-3 所示。

(2) 条件循环　WHILE 格式

WHILE 条件表达式

条件成立循环执行的语句

ENDW

功能:

条件成立执行 WHILE 与 ENDW 之间的程序,然后返回到 WHILE 再次判断条件,直到条件不成立才跳到 ENDW 后面。WHILE 语句的执行流程如图 9-3 所示。

例如:
```
#2= 30;
WHILE #2 GT 0;      如果#2> 0
G91G01X10;     成立就执行
#2= #2-3;      修改变量
ENDW;      返回
G90 G00 z50;      不成立跳到这里执行
```
WHILE 中必须有"修改条件变量"的语句,使得其循环若干次后,条件变为"不成立"而退出循环,否则就成为死循环。

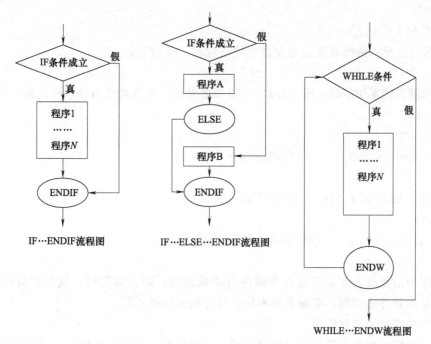

图 9-3　执行流程控制

记一记：

9.3.6　子程序及参数传递

（1）普通子程序

普通子程序指没有宏的子程序，程序中各种加工的数据是固定的，子程序编好后，子程序的工作流程就固定了，程序内部的数据不能在调用时"动态"地改变，只能通过"镜像""旋转""缩放""平移"来有限地改变子程序的用途。

例如：

%4001;
G01 X80 F100;
M99;

子程序中数据固定，普通子程序的效能有限。

（2）宏子程序

宏子程序可以包含变量，不但可以反复调用简化代码，而且通过改变变量的值就能实现加工数据的灵活变化或改变程序的流程，实现复杂的加工过程处理。

例如：

%4002;
G01 Z[#1] F[#50];
Z 坐标是变量；进给速度也是变量，可适应粗、精加工。
M99;
例：对圆弧往复切削时，指令 G02、G03 交替使用。参数#51 改变程序流程，自动选择。
%4003;
IF #51 GE 1;
G02 X[#50] R[#50];   条件满足执行 G02
ELSE;
G03 X[-#50] R[#50];   条件不满足执行 G03
ENDIF;
#51= #51* [-1];   改变条件,为下次做准备
M99;

子程序中的变量，如果不是在子程序内部赋值的，则在调用时，就必需要给变量一个值。这就是参数传递问题，变量类型不同，传递的方法也不同。

(3) 全局变量的参数传递

如果子程序中用的变量是全局变量，调用子程序前，先给变量赋值，再调用子程序。

例如：

%400;
#51= 40;   #51 为全局变量,给它赋值
M98 P401;   进入子程序后#51 的值是 40
#51= 25;   第二次给它赋值
M98 P401;   再次调用子程序,进入子程序后#51 的值是 25
M30;
%401;   子程序
G91G01X[#51]F150;   #51 的值由主程序决定
M99;

(4) 局部变量的参数传递

如果子程序中用的变量是局部变量，调用子程序前，先给变量赋值，再调用子程序。

例如：

%400;
N1 #1= 40;   为局部变量#1 赋值
N2 M98 P401;   进入子程序后#1 的值是 40 吗？
M30;
%401;   子程序中用的是局部变量#1
M99;

结论：

主程序中 N1 行的#1 与子程序中 N4 行的#1 不是同一个变量，子程序不会接收到 40 这个值。怎么办呢？

局部变量的参数传递，是用在宏调用指令后面添加参数的方法来传递的。上面的程序

中，把 N1 行去掉，把 N2 行改成如下形式即可：

N2　M98 P401 B40　；

比较一下，可知多了个 B40，其中 B 代表♯1，紧跟的数字 40 代表♯1 的值是 40。这样就把参数 40 传给了子程序％401 中的♯1。更一般地，用 G65 来调用宏子程序（称宏调用）。

G65 指令：

G65 是专门用来进行宏子程序调用的，但在华中数控系统里面，G65 和 M98 功能相同，可以互换。

宏子程序调用指令 G65 的格式：

G65　P__　L__　A__　B__　…　Z__　；

P：子程序号

L：调用次数

A～Z：参数，每个字母与一个局部变量号对应。A 对应♯0，B 对应♯1，C 对应♯2，D 对应♯3，…。如 A20，即♯0＝20；B6.5，即♯1＝6.5；其余类推。换句话说，如果要把数 50 传给变量♯17，则写 R50。

G65 代码在调用宏子程序时，系统会将当前程序段各字母（A～Z 共 26 个，如果没有定义则为零）后跟的数值对应传到宏子程序中的局部变量♯0～♯25。表 9-3 列出了宏调用时，参数字母与变量号的对应关系。

表 9-3　参数字母与变量号的对应关系

子程序中的变量	♯0	♯1	♯2	♯3	♯4	♯5	♯6	♯7	♯8	♯9	♯10	♯11	♯12
传递参数用的字母	A	B	C	D	E	F	G	H	I	J	K	L	M
子程序中的变量	♯13	♯14	♯15	♯16	♯17	♯18	♯19	♯20	♯21	♯22	♯23	♯24	♯25
传递参数用的字母	N	O	P	Q	R	S	T	U	V	W	X	Y	Z

要注意，由于字母 G、P、L 等已被宏调用命令、子程序号和调用次数占用，所以不能再用来传递其他任意数据。传进去的是，G65 即♯6＝65，P401 即♯15＝401（子程序号），L2 即♯11＝2。为了便于参数传递，编写子程序时要避免用♯6、♯15、♯11 等变量号来接收数据，但这些变量号可以用在子程序中作为内部计算的中间变量暂存数据。

另外，G65 代码在调用宏子程序时，还会把当前九个轴的绝对位置（工件绝对坐标）传入局部变量♯30～♯38。♯30～♯38 与轴名的对应关系由机床制造厂家规定，通常♯30 为 X 轴，♯31 为 Y 轴，♯32 为 Z 轴。固定循环指令初始平面 Z 模态值也会传给变量♯26。通过♯30～♯38 可以轻易得到进入子程序时的轴坐标位置，这在程序流程控制中是很有用的。

（5）系列零件加工

所谓系列零件加工，是指不同规格的零件，形状基本相同，加工过程也相同，只是尺寸数据不一样，利用宏程序就可以编写出一个通用的加工程序来。

【例 9-1】　切槽宏子程序。

％8002；

G92 X90 Z30；

M98 P8001 U10 V50 A20 B40 C3；　　UVABC 对应尺寸变量见图 9-4

G00 X90；

Z30;
M30;
%8001;　　　子程序
G00 Z[-#20];　　切刀 Z 向定位
X[#1+5];　　接近工件,留 5mm 距离
#10=#2;　　#10 已切宽度+#2
WHILE #10 LT #21;　　够切一刀?
G00 Z[-#20-#10];　　Z 向定位
G01 X[#0];　　切到要求深度
G00X[#1+5];　　X 退刀到工件外
#10=#10+#2-1;　　修改#10
ENDW;
G00 Z[-#21-#20];　　切最后一刀
G01X[#0];
G00X[#1+5];
M99;

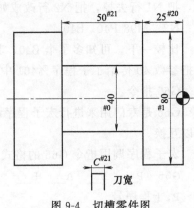

图 9-4　切槽零件图

【例 9-2】 根据图 9-5 所示系列零件的图形,编辑精加工轮廓及切断的程序。轮廓加工用外圆车刀、切断用切断刀（刀位点在右刀尖）。工件零点设在右端面。

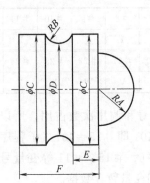

尺寸名	A	B	C	D	E	F
尺寸变量	#0	#1	#2	#3	#4	#5
工作序号 1	8	10	24	20	5	10
2	10	15	28	24	7	50
3	..	..	..	..	..	..
4	..	..	..	..	..	..

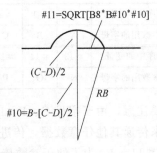

图 9-5　零件图

工件 1 主程序：
%1000;
M03 S600 T0101;
M98 P1001 A8B10C24D20E5F40;
T0202;
M98 P1002 C24F40;
M30;
工件 2 主程序：
%2000;
M03 S600 T0101;
M98 P1001;

G01Z0 F100;
G03 X[2*#0] Z[#0] R[#0];
G01 X[#2];
W[-#4];
#10=#1-[#2-#3]/2;
#11=SQRT[#1*#1-#10*#10];
G02 X[#2] W[-2*#11] R[#1];
G01 Z[-#5];
U2;
G00 X[#2+50] Z100;
M99;

A10B15C28D24E7F50;
T0202;
M98 P1002 C28F50;
M30;
轮廓加工子程序：
%1001;
G00 X0 Z3;

切断子程序：
%1002;
G00 X[#2+ 2] Z[- #5];
G01 X0.3 F30;
G00 X[#2+ 50];
Z100;
M99;

(6) 高级参考

在子程序中，可能会改变系统模态值。例如，主程序中的是绝对编程（G90），而子程序中用的是相对编程（G91），如果调用了这个子程序，主程序的模态就会受到影响。当然，对于简单的程序，可以在子程序返回后再加一条 G90 指令变回绝对编程。但是，如果编写的子程序不是自己用，别人又不知道改变了系统模态值，直接调用就有可能出问题。有没有办法，使子程序不影响主程序的模态值呢？简单的办法就是，进入子程序后首先把子程序会影响到的所有模态用局部变量保存起来，然后再往后执行，并且在子程序返回时恢复保存的模态值。看下面的例子。

例如：

%102;   不管原来是什么状态,先记录下来
#45= #1162;   记录第 12 组模态码#1162 是 G61 或 G64？
#46= #1163;   记录第 13 组模态码#1163 是 G90 或 G91？
现在可以改变已记录过的模态
G91 G64;   用相对编程 G91 及连续插补方式 G64
…… ;   这里是其他程序
子程序结束前恢复记录值
G[#45] G[#46];   恢复第 12 组 13 组模态
M99;

由此可见，系统变量虽然是不能直接改写的，但并不是不能改变的。系统模态值是可以被指令改变的。

固定循环也是用宏程序实现的，而且固定循环中它改变了系统模态值，只是在固定循环子程序中采用了保护措施，在固定循环宏子程序返回时，恢复了它影响过的系统模态，所以外表看它对系统模态没有影响。这可以通过分析系统提供的固定循环宏程序看出来。对于每个局部变量，还可用系统宏 AR[ ] 来判别该变量是否被定义，是被定义为增量或绝对方式。该系统宏的调用格式如下：

AR [♯变量号] 返回值：

0 表示该变量没有被定义；
90 表示该变量被定义为绝对方式 G90；
91 表示该变量被定义为相对方式 G91。

例如：下面的主程序%1000 在调用子程序%9990 时设置了 I、J、K 之值，子程序%9990 可分别通过当前局部变量♯8、♯9、♯10 来访问主程序的 I、J、K 之值。

%1000;

```
G92 X0 Y0 Z0;
M98 P9990 I20 J30 K40;
M30;
%9990;
IF [AR[#8] EQ 0] OR [AR[#9] EQ 0] OR [AR[#10] EQ 0];
M99;           如果没有定义 I、J、K 值,则返回
ENDIF;
N10 G9;        用增量方式编写宏程序
IF AR[#8] EQ 90;      如果 I 值是绝对方式 G90
#8= #8- #30;   将 I 值转换为增量方式,#30 为 X 的绝对坐标
ENDIF;
M99;
```

HNC-21M 子程序嵌套调用的深度最多可以有七层,每一层子程序都有自己独立的局部变量,变量个数为 50。当前局部变量为#0～#49,第一层局部变量为#200～#249,第二层局部变量为#250～#299,第三层局部变量为#300～#349,依此类推。在子程序中如何确定上层的局部变量要依上层的层数而定。由于通过系统变量来直接访问局部变量容易引起混乱,因此不提倡用这种方法。

例如:

```
%0099;
G92 X0 Y0 Z0;
N100 #10= 98;
M98 P100;
M30;
%100;
N200 #10= 222;     此时 N100 所在段的局部变量#10 为第 0 层#210
M98 P110;
M99;
%110;
N300 #10= 333;     此时 N200 所在段的局部变量#10 为第 1 层#260
#260= 222;         此时 N100 所在段的局部变量#10 为第 0 层#210
#210= 98;
M99;
```

记一记:

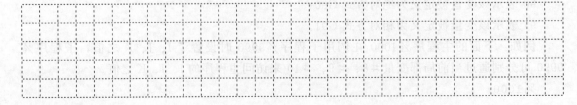

9.3.7 编制椭圆宏程序的基本步骤

（1）根据给定的方程选定自变量，并确定变量的范围

在解析几何学中，表达椭圆曲线的方程有标准方程 $[x^2/a^2+y^2/b^2=1\ (a>0，b>0)]$ 和参数方程（$x=a\cos t$、$y=b\sin t$）两种。在椭圆的标准方程中，每一个具体的 X 坐标值都有一个对应的 Y 值；在椭圆的参数方程中，每一个具体的角度值 t 都有一个对应的 Y 或 X 值。因此可采用坐标值或角度值作为自变量。加工椭圆采用角度值为自变量时，计算方便，不需要作任何判断就可自动过象限，且终点判别简单，实时性好，如图 9-6 所示。因此从加工精度、程序的数据量和加工效率出发，在数控车编程加工椭圆时应优先采用角度值作为自变量。

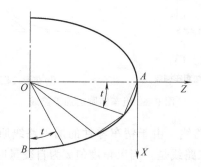

图 9-6 以角度值为自变量的直线段逼近椭圆

（2）进行函数变换，确定因变量相对于自变量的宏表达式

在解析几何学中椭圆标准方程的图形如图 9-7（a）所示。在数控车床的工件坐标系中，要注意坐标轴的转换，把椭圆方程坐标系的 X 轴变为车床的 Z 轴，Y 轴变为 X 轴，则椭圆的参数方程转换为 $z=a\cos t$、$x=b\sin t$，其图形如图 9-7（b）所示。

因此以角度值 t 为自变量，因变量为 x 和 z，再考虑直径编程，则当椭圆的圆心与坐标原点重合时 x 和 z 的表达式为：$z=a\cos t$，$x=(b\sin t)\times 2$。

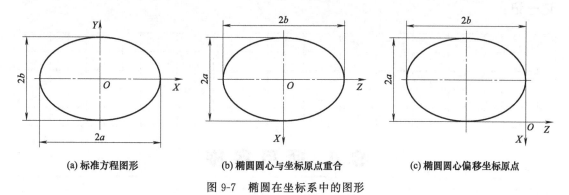

(a) 标准方程图形　　　(b) 椭圆圆心与坐标原点重合　　　(c) 椭圆圆心偏移坐标原点

图 9-7 椭圆在坐标系中的图形

（3）根据给定的方程确定相对于工件坐标系的偏移量

在实际加工过程中，椭圆相对于工件坐标系原点的位置存在多种形式，如椭圆的圆心与工件坐标系原点重合、椭圆的圆心与 X 轴或 Z 轴重合、椭圆的圆心在工件坐标系中的任意位置等。因此需考虑椭圆的圆心与工件坐标系的相对位置关系。

当椭圆的圆心偏移坐标原点时,如图 9-7(c)示,则椭圆的参数方程变为:$z=a\cos t - z_0$,$x=(b\sin t - x_0)\times 2$,其中 (x_0, z_0) 为椭圆的圆心坐标。

(4) 确定椭圆的加工轨迹,明确加工起点

① 粗车椭圆的加工路线。粗车椭圆的切削进给路线有阶梯式和仿形式两种,分别如图 9-8(a)和图 9-8(b)所示。

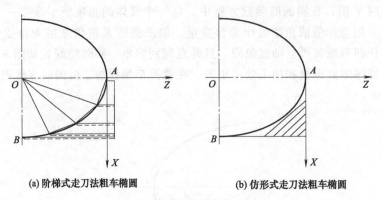

(a) 阶梯式走刀法粗车椭圆　　(b) 仿形式走刀法粗车椭圆

图 9-8　粗车椭圆的加工路线

② 确定精车椭圆的加工路线。由于精车零件的加工路线原则上是沿零件轮廓顺序走刀来完成,因此精车椭圆的加工路线是:当以角度值 t 为自变量时,精车椭圆是根据椭圆的参数方程利用角度的微小变化来拟合椭圆的最终轮廓表面。

(5) 确定构成循环的条件,明确加工的终点

在宏程序的编制中,终点判别是很重要的,它控制着循环语句的执行。如图 9-8 所示的椭圆,以角度值 t 为自变量时,采用阶梯式粗车路线的起始角度是 90°,终止角度是 0°,角度变化从 90°变化到 0°;采用仿形式粗车路线的起始角度是 0°,终止角度是 90°,角度变化从 0°变化到 90;而精车椭圆的加工路线是从点 A 开始,沿若干段小直线所形成的折线走刀到点 B 来完成的,其角度的变化从 0°变化到 90°。

记一记:

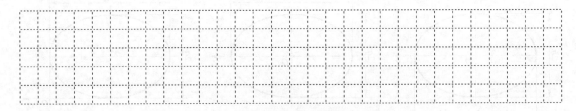

9.4　项目实施

9.4.1　加工工艺设计

(1) 零件的装夹

工件较短,使用普通三爪自定心装夹,加工左端面时为增加刚性,也可以选用一夹一顶装夹。

（2）选择刀具

选用35°外圆车刀，主偏角93°、4mm切槽刀、60°外螺纹车刀，材料为YT1。制订刀具卡片，见表9-4。

表9-4 数控加工刀具卡片

产品名称或代号：			零件名称：椭圆轴		零件图号：	
序号	刀具号	刀具规格及名称	材质	数量	加工表面	备注
1	T01	35°外圆车刀	YT15	1	粗精车外圆、端面、椭圆	R0.2
2	T02	5mm切槽刀	YT15	1	切槽	
3	T03	60°外螺纹车刀	YT15	1	车螺纹	
编制：			审核：			

（3）确定加工工艺

加工时以两端面轴心处为零件编程坐标原点，先加工左端外圆，再加工右端，关键在于确定椭圆的编程加工。工艺路线安排如下。

① 夹持右端，伸出长70mm，车削零件左端面。
② 粗、精车零件的外圆柱面、圆锥面、倒角。
③ 车槽至尺寸。
④ 车螺纹至尺寸。
⑤ 去毛刺。
⑥ 工件掉头，夹持35直径处，车端面，车总长至尺寸。
⑦ 粗、精车零件的外圆柱面及椭圆至尺寸。

制订加工工艺卡片见表9-5。

表9-5 数控加工工艺卡片

零件名称：椭圆零件		零件图号：		工件材质：45钢		
工序号	程序编写	夹具名称		数控系统		车间
1	O0001	三爪自定心卡盘		FANUC 0i		
工步号	工步内容	刀具号	主轴转速/(r/min)	进给量/(mm/r)	背吃刀量/mm	备注
1	车左端面	T01	800	0.15	1	自动
2	粗车φ20、φ45外圆柱面及圆锥面	T01	800	0.2	1.5	自动
3	精车φ20、φ45外圆柱面及圆锥面	T01	1200	0.1	0.5	自动
4	车槽	T02	500	0.05	4	自动
5	车M24螺纹	T03	500			自动
工序号	程序编写	夹具名称		数控系统		车间
2	O0002	三爪自定心卡盘		FANUC 0i		
工步号	工步内容	刀具号	主轴转速/(r/min)	进给量/(mm/r)	背吃刀量/mm	备注
1	掉头、车右端面	T01	800	0.15	1	自动
2	粗车椭圆及外圆柱面，倒角	T01	800	0.2	0.25	自动
3	精车椭圆及外圆柱面，倒角	T01	1200	0.1	0.5	自动
编制：		审核：		批准：		

记一记：

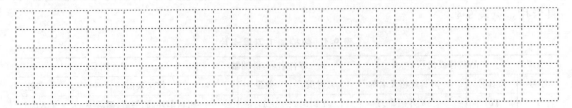

9.4.2 加工程序的编写

椭圆轴的参考程序见表9-6、表9-7。

(1) 左端加工程序（见表9-6）

表9-6 椭圆轴左端加工指令

加工程序	程序说明
%	
O0001;	程序名
T0101 M03 S800 F0.15;	主轴正转,转速800r/min,选择1号刀位1号刀补
G00 X46. Z2.;	1号刀具快速移动到达循环起点
G71 U1.5 R1.;	G71粗车循环指令
G71 P10 Q20 U0.2 W0 F0.2;	
N10 G01 X0;	左端精加工程序
Z0.;	
X18.;	
X20. Z−1.;	
Z−30.;	
X25.;	
X35. Z−45.;	
X44.;	
X46. Z−46.;	
Z−66.;	
N20 G01 X46.;	
G70 P10 Q20 F0.1 S1200;	精车循环指令,主轴转速1200r/min
G00 X100. Z100.;	1号刀具快速退刀
T0202 M03 S500;	换2号切槽刀及2号刀补,主轴转速500r/min
G00 X26. Z−30.;	车削5mm×2mm 螺纹退刀槽
G01 X16.;	
X26.;	
G00 X100. Z100.;	2号刀具快速退刀
T0303 M03 S500;	换3号切槽刀及3号刀补,主轴转速500r/min

续表

加工程序	程序说明
G00 X20. Z2.；	
G92 X20. Z-27. F1.5；	
X19.；	G92 指令车削 M24mm×1.5mm 螺纹
X18.3；	
X18.05；	
X18.05；	
G00 X100. Z100.；	3号刀具快速退刀
M05；	主轴停止
M30；	程序结束,光标返回程序头
%	

（2）右端加工程序（见表 9-7）

表 9-7　椭圆轴右端加工指令

加工程序	程序说明
%	
O0002；	程序名
T0101 G97 G99 M03 S900 F0.15；	主轴正转,转速 900r/min,选择1号刀位1号刀补
G00　X46.Z5.；	1号刀具快速移动到达循环起点
G73　U23 R12；	G73 粗车循环指令
G71　P10 Q20 U0.2 W0 F0.2；	
N10 G42 G01 X0；	
Z0.；	将椭圆极角设为自变量,赋初值为 0°
#1=0	
WHILE[#1LE90]DO1	判断句,当#1≤90 顺序执行,否则跳至 END1 下面语句
#2=42*SIN[#1]	参数方程中椭圆 X 方向短轴值（直径）
#3=30*COS[#1]	参数方程中椭圆长轴值
#4=#2-30	椭圆圆心与编程原点 O 在 Z 方向的偏移值
G01 X[#2] Z[#4] F0.1	加工椭圆
#1=#1+1	自变量椭圆极角每次 增量为 1°
END1	精车循环转速 1100r/min
G1Z-35	走 B 点向右一小段
X44.；	车削倒角
X46. Z-36.	
N2 G40 X46	
G70 P10 Q20 S1000 F0.1	精车直至尺寸
G00 X100 Z100	1号刀快速退刀
M05；	主轴停止
M30；	程序结束,光标返回程序头

项目 9　椭圆轴零件的加工

记一记：

9.4.3 宇龙仿真模拟加工

对图 9-1 所示零件进行模拟加工的操作步骤如下。

(1) 定义毛坯

单击工具栏定义毛坯按钮，选择形状为圆柱形，设置图 9-9 所示的毛坯尺寸 $\phi 46 \times 110$ mm。

图 9-9　定义毛坯

(2) 定义刀具

1、2、3 号刀具参照项目 5、项目 8、项目 9 定义方法，刀具选择见表 9-8。

(3) 安装并移动工件装卡位置

参照项目五的安装移动工件装卡位置进行设置。

表 9-8　刀具参数

序号	刀具号	刀具规格及名称	材质	数量
1	T01	35°外圆车刀,主偏角 92°	YT15	1
2	T02	5mm 切槽刀	YT15	1
3	T03	60°外螺纹车刀	YT15	1

(4) 编辑与导入程序

如果加工程序需要在数控系统中直接编辑，则需要新建程序。

参照项目五中讲解方法进行编辑与导入程序。

(5) 对刀

① 对 1 号刀（外圆车刀） 外圆车刀对刀方法参照项目 5 中讲解方法。

② 对 2 号刀（切槽车刀） 切槽车刀对刀方法参照项目 7 中讲解方法。

③ 对 3 号刀（螺纹车刀） 螺纹车刀对刀方法参照项目 8 中讲解方法。

(6) 自动运行程序

单击 按钮，将机床设置为自动运行模式。

单击工具栏上的"□"图标以显示俯视图，单击 键，在机床模拟窗口进行程序校验。

校验结束无问题时，单击 加工左端面。加工完成后掉头再次完成对刀与导入程序。

进行右端加工。因为零件还需要掉头并再次保证总长，所以需要再次 Z 向对刀。单击操作面板上的循环启动按钮，程序开始执行。加工结果如图 9-10 所示。

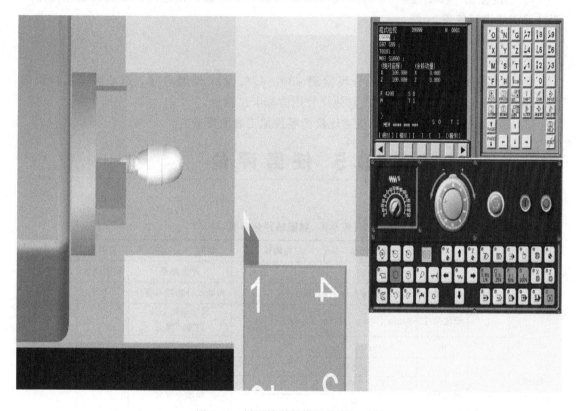

图 9-10 椭圆轴零件模拟仿真加工图

记一记：

9.4.4 实际加工

(1) 工件与刀具的安装

左端加工,工件装夹在三爪卡盘上,毛坯右端面伸出 70mm 左右,装夹要牢固(也可采用一夹一顶);右端加工,工件装夹在三爪卡盘上,毛坯右端面伸出 40mm,装夹要牢固。车刀安装时不宜伸出过长,刀尖高度应与机床中心等高。

(2) 对刀并输入刀补值

三把刀分别对刀,然后正确输入对应的刀补值。

(3) 数控加工与精度控制

① 数控加工　首件加工应单段运行,通过机床控制面板上的【倍率选择】按钮修正加工参数,然后自动运行加工,当程序暂停时可以对加工尺寸进行检测,以保证精度要求。

② 精度控制　加工过程中,各尺寸精度都要保证在公差范围之内,如出现误差可采用刀补修正法进行修正。

(4) 零件检测

① 修整工件,去毛刺等。

② 尺寸精度检测。用外径千分尺检测 $\phi30$、$\phi28$、$\phi27$ 外圆尺寸,用圆弧样板检测圆弧,用螺纹环规对螺纹进行检测,其他尺寸用游标卡尺测量。

③ 表面质量检测。粗糙度样板对比检测零件加工表面质量。

9.5 任务评价

椭圆轴评分标准见表 9-9。

表 9-9　椭圆轴评分标准

姓名		零件名称		椭圆轴	时间	180min	总得分	
项目	序号	检查内容		配分	评价标准		检测记录	得分
零件加工(50分)	1	外圆尺寸	$\phi25$mm、$\phi35$mm、$\phi46$mm	15	每处 5 分超差不得分			
	2	长度尺寸	30mm、15mm、30mm、25mm	4	尺寸每处 1 分超差不得分			
	3	槽	5mm×2mm	2	超差不得分			
	4	螺纹尺寸	外径	2	超差不得分			
			牙型	2				
			中径	5				
			表面粗糙度	3				
	5	椭圆	30×21	4	超差不得分			
	6	倒角尺寸、去毛刺		3	不合格全扣			
	7	表面粗糙度		10	每处差一级扣 1 分			
程序与工艺(25分)	8	程序正确、完整		6	不合理每处扣 1 分			
	9	程序格式规范		5	不合理每处扣 1 分			
	10	工艺合理		5				
	11	程序参数选择合理		4				
	12	指令选用合理		5	不合理每处扣 1 分			

续表

姓名			零件名称	椭圆轴	时间	180min	总得分	
项目	序号		检查内容	配分	评价标准		检测记录	得分
机床操作 (17分)	13		零件装夹合理	3	不合理每处扣1分			
	14		刀具选择及安装正确	3	不合理每处扣1分			
	15		机床面板操作正确	4	不合理每处扣1分			
	16		意外情况处理合理	3	不合理每处扣1分			
	17		对刀及坐标系设定正确	4	不合理每处扣1分			
文明生产 (8分)	18		安全操作	4	违反操作规程全扣			
	19		机床整理	4	不合格全扣			
记录员		监考员		检验员			考评员	

9.6 职业技能鉴定指导

9.6.1 知识技能复习要点

① 简述椭圆程序中变量的确定与注意事项。
② 简述局部变量和全部变量的区别。

9.6.2 理论复习题

(1) 选择题
① 条件运算符 EQ 为（   ）。
A. >   B. ≠   C. =   D. <
② 宏程序/子程序的调用 M98 P（宏程序名）或（   ）。
A. G64   B. G65   C. G56   D. G57
③ 条件运算符（   ）。
A. +   B. AND   C. INT   D. LE
④ 全局变量（   ）。
A. #0~#49   B. #50~#199   C. #1000~#1999   D. #50~#100
⑤ 机床当前位置 X（   ）。
A. #1000   B. #1001   C. #100   D. #102

(2) 判断题
① 逻辑运算符 AND、OR、NOT。（   ）
② 常量 P1 代表圆周率 π。（   ）
③ 全局变量区间为 #0~#49。（   ）
④ 全局变量的作用范围是整个零件程序。（   ）
⑤ 系统变量是具有特殊意义的变量，它们是数控系统内部定义好的，不可改变它们的用途。（   ）

项目10　CAXA数控车自动编程

10.1　项目导入

　　形状复杂的零件，如果用手工编程，会耗费大量的时间和精力，而且在编制程序和输入程序时，容易出错，而用软件进行自动编程只要绘制出该件的图形，进行后置处理，就可自动生成加工程序，还可用轨迹仿真加工，检验程序。最后将程序通过传输线，传入到机床的数控系统里进行加工，还可边传输边加工，既快捷方便，又不易出错。CAXA数控车是北京北航海尔软件公司出品的用于数车床自动编程的软件，是我国自己的编程软件。

10.2　项目分析

　　以职业岗位需求为依据，CAXA数控车课程的目标是使学生能够根据给出的零件图，自行分析数控加工工艺，熟练应用CAXA数控车软件，自动生成加工程序，完成零件的加工。因此，应当掌握CAXA数控车自动编程软件的使用方法，包括零件建模、刀具轨迹生成、机床设置、后置处理、G代码生成等等，加强工艺分析能力，同时培养学生的沟通能力、团队协作能力及主动探究学习的能力。

10.3　知识准备

10.3.1　界面与菜单介绍

　　和其他Windows风格的软件一样，CAXA数控车基本应用界面如图10-1所示，各种应用功能通过菜单条和工具条驱动；状态栏指导用户进行操作并提示当前状态和所处位置；绘图区显示各种绘图操作的结果；同时，绘图区和参数栏为用户实现各种功能提供数据的交互。

　　本软件系统可以实现自定义界面布局。工具条中每一个图标都对应一个菜单命令，单击图标和单击菜单命令是一样的。

　　(1) 窗口布置

　　CAXA数控车工作窗口分为绘图区、菜单区、工具条、参数输入栏（进入相应功能后出现）和状态栏等五个部分。屏幕最大的部分是绘图区，该区用于绘制和修改图形。菜单区位于屏幕的顶部。工具条分为曲线编辑工具条、曲线生成工具条、数控车功能工具条、标准工具条和显示工具条等。曲线编辑工具条位于绘图区的下方，曲线生成工具条和数控车功能工具条位于屏幕的右侧，标准工具条和显示工具条位于菜单栏的下方。立即菜单位于屏幕的左边。状态栏位于屏幕的底部，指导用户进行操作，并提示当前状态及所处位置。

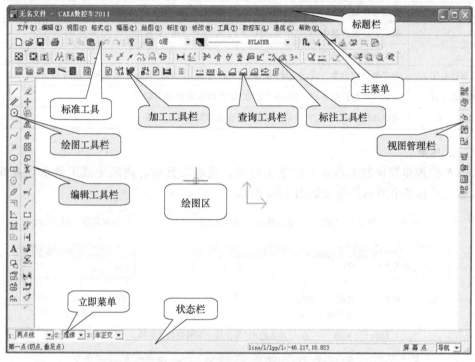

图 10-1　CAXA 数控车基本应用界面

（2）主菜单

主菜单包括 CAXA 数控车软件中的所有功能，下面就将菜单项进行分类说明，如表 10-1 所示。

表 10-1　CAXA 数控车软件主菜单说明

菜单项	说明
文件	对系统文件进行管理，包括新建、打开、关闭、保存、另存为、数据输入、数据输出等
编辑	对已有的图像进行编辑，包括销、恢复、剪切、复制、粘贴、删除、元素不可见、元素可见、元素颜色改变等
显示	设置系统的显示，包括显示工具、全屏显示、视角定位等
曲线	在屏幕上绘制图形，包括各种曲线的生成、线编辑等
变换	对绘制的图形进行变换，包括图形的平移、旋转、镜像、阵列等
加工	包括各种加工方法选择、机床设置、后置处理、代码生成、参数修改、轨迹仿真等
查询	对图形的要素查询，包括坐标、距离、角度等
设置	包括当前颜色、系统设置、层设置、自定义等

（3）弹出菜单

CAXA 数控车可通过按空格键弹出的菜单作为当前命令状态下的子命令。在执行不同命令状态下,有不同的子命令组,主要有点工具组、矢量工具组、选择集合拾取工具、轮廓拾取工具组和岛拾取工具组。如果子命令是用来设置某种子状态,软件在状态栏中会显示提示命令。表 10-2 中列出了弹出菜单的功能。

表 10-2 CAXA 数控车软件弹出菜单说明

弹出菜单项	说　明
点工具	确定当前选取点的方式,包括默认点、屏幕、端点、圆心、切点、垂足点、最近点、刀位点等
矢量工具	确定矢量的选取方向,包括 X 轴正方向、X 轴负方向、Z 轴正方向、Z 轴负方向
	负方向和端点矢量
选择集合拾取工具	确定集合的拾取方式,包括拾取添加、拾取所有、拾取取消、取消尾项和取消所有
轮廓拾取工具	确定轮廓的拾取方式,包括单个拾取、链拾取和限制链拾取等
岛拾取工具	确定岛的拾取方式,包括单个拾取、链拾取和限制链拾取等

(4) 工具条

CAXA 数控车提供的工具条有标准工具条、显示工具条、曲线生成工具条和曲线编辑工具条等。工具条中图标的含义如图 10-2 所示。

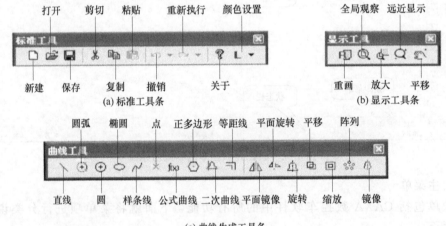

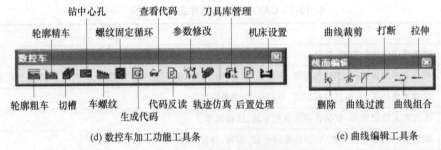

图 10-2 工具条中图标的含义

(5) 键盘键与鼠标键

①【回车键和数值键】。在 CAXA 数控车中在系统要求输入点时,回车键和数值键可以激活一个坐标输入条,在输入条中可以输入坐标值。如果坐标值以@开始,表示相对于前一个输入点的相对坐标;在某些情况也可以输入字符串。

②【空格键】。弹出点工具菜单。例如，在系统要求输入点时，按空格键可以弹出点工具菜单。

③【热键】。CAXA数控车为用户提供热键操作，在CAXA数控车中设置了以下几种功能热键，如表10-3所示。

表10-3　CAXA数控车为用户提供热键及其含义

热键	说　　明
F5	将当前面切换至 XOY 面，同时将显示平面置为 XOY 面并将图形投影到 XOY 面内进行显示
F6	将当前面切换至 YOZ 面，同时将显示平面置为 YOZ 面并将图形投影到 YOZ 面内进行显示
F7	将当前面切换至 XOZ 面，同时将显示平面置为 XOZ 面并将图形投影到 XOZ 面内进行显示
F8	显示轴测图，按轴测图方式显示图形
F9	切换当前面，将当前面在 XOY、YOZ 和 XOZ 之间进行切换，但不改变显示平面
方向键（←→↑↓）	显示旋转
Ctrl+方向（←→↑↓）	显示平移
Shif+↑	显示放大
Shif+↓	显示缩小

记一记：

10.3.2　自动编程软件的重要术语

① 两轴加工：在CAXA数控车加工中，机床坐标系的 Z 轴即是绝对坐标系的 X 轴，X 轴即是绝对坐标系的 Y 轴。

② 轮廓：轮廓是一系列首尾相接曲线的集合。轮廓用来界定被加工的表面或被加工的毛坯本身。

轮廓拾取方式为链拾取：自动搜索连接的曲线。

限制链拾取：将起始段和最后一段拾取，中间自动连接。

单个拾取：一个一个拾取。

③ 机床参数：数控车床的参数有主轴转速、接近速度、进给速度和退刀速度。

④ 刀具轨迹和刀位点。

⑤ 加工余量。

⑥ 加工误差。

10.3.3　刀具管理

用如图10-3（a）的方式点击图标打开刀具库管理，通过菜单数控车下刀具库管理也

可以。刀具库管理页面如图 10-3（b）所示，刀具分为轮廓车刀、切槽刀具、钻孔刀具与螺纹车刀。

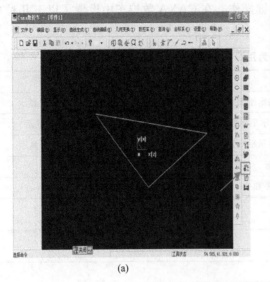
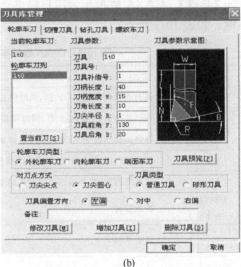

(a)　　　　　　　　　　　　　　(b)

图 10-3　刀具库管理页面

(1) 轮廓车刀

对工件外轮廓表面、内轮廓表面和端面进行粗、精车加工的车刀。**轮廓车刀参数表**，如图 10-4 所示。

刀具：用于刀具的标识和列表。

刀具号：用于后置的自动换刀指令，对应机床的刀库的刀号。

刀具补偿号：刀具补偿值的序号，其值对应于机床的数据库。

刀柄长度：刀具可夹持段的长度。

刀柄宽度：刀具可夹持段的宽度。

刀角长度：刀具可切削段的长度。

刀尖半径：刀尖部分用于切削的圆弧的半径。

刀具前角：刀具前刃与工件旋转轴的夹角。

(2) 切槽刀具

对工件外轮廓表面、内轮廓表面和端面进行粗、精车加工槽和切断的车刀。切槽车刀参数表，如图 10-5 所示。

图 10-4　轮廓车刀设定页面

刀具名：用于刀具的标识和列表。

刀具号：用于后置的自动换刀指令，对应机床的刀库的刀号。

刀具补偿号：刀具补偿值的序列号，其值对应于机床的数据库。

刀具长度：刀具的总体长度。

刀具宽度：刀具切削刃的宽度。

刀尖半径：刀具切削刃两端圆弧的半径。

刀具引角：刀具切削段两侧边垂直于切削方向的夹角。

(3) 钻孔刀具

对工件孔径进行加工的车刀。钻孔车刀参数表，如图10-6所示。

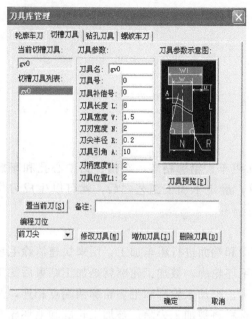

图10-5 切槽车刀设定页面

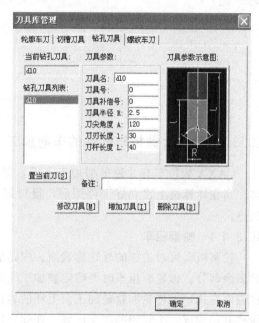

图10-6 钻孔车刀设定页面

刀具名：用于刀具的标识和列表。

刀具号：用于后置的自动换刀指令，对应机床的刀库的刀号。

刀具补偿号：刀具补偿值的序列号，其值对应于机床的数据库。

刀具半径：刀具的半径。

刀尖角度：钻头前段尖部的角度。

刀刃长度：刀具的刀杆可用于切削部分的长度。

刀杆长度：刀尖到刀柄之间的距离。

(4) 螺纹车刀

对工件螺纹加工的车刀。轮廓车刀参数表，如图10-7所示。

刀具名：用于刀具的标识和列表。

刀具号：用于后置的自动换刀指令，对应机床的刀库的刀号。

刀具补偿号：刀具补偿值的序列号，其值对应于机床的数据库。

刀柄长度：刀具可夹持段的长度。

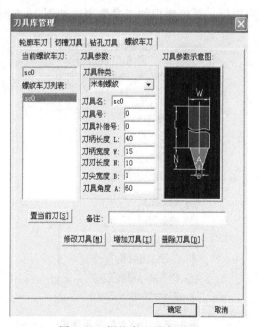

图10-7 螺纹车刀设定页面

刀柄宽度：刀具可夹持段的宽度。

刀刃长度：刀具切削刃顶部的宽度，对于三角螺纹车刀，刀刃宽度等于0。

刀尖宽度：螺纹齿底宽度。

刀具角度：刀具切削段两侧边垂直于切削方向的夹角。

记一记：

10.3.4　CAXA 数控车软件的车削加工

CAXA 数控车有5种车削加工方式，即轮廓粗车、轮廓精车、车槽、钻中心孔和车螺纹。当在计算机上建立好工件图形，设置好刀具，确定了加工工艺之后，就可以生成刀位轨迹。

10.3.4.1　轮廓粗车

轮廓粗车可对工件的外轮廓表面、内轮廓表面和端面进行粗车加工，用来快速清除毛坯的多余部分。做轮廓粗车时要确定被加工轮廓和毛坯轮廓，被加工轮廓就是加工结束后的工件表面轮廓，毛坯轮廓就是加工前毛坯的表面轮廓。被加工轮廓和毛坯轮廓两端点相连，两轮廓共同构成一个封闭的加工区域，在此区域的材料将被加工去除。被加工轮廓和毛坯轮廓不能单独闭合或自相交。

（1）操作步骤

① 在菜单区中的"数控车"子菜单选取"轮廓粗车"，见图10-8，或在工具条中点击图标，系统弹出加工参数表，如图10-9所示。

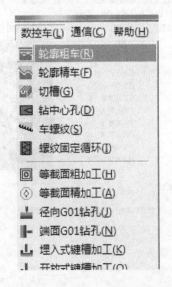

图10-8　CAXA数控车菜单

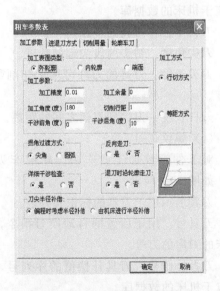

图10-9　粗车加工轮廓参数表

② 在参数表中首先确定被加工的是外轮廓,还是内轮廓或端面,接着按加工要求确定其他各加工参数。

③ 拾取被加工的轮廓和毛坯轮廓,拾取方法大多为"限制链拾取",此外还有"链拾取""单个拾取"。拾取箭头方向与实际加工方向无关。

④ 确定进退刀点,生成轨迹。

⑤ 生成 G 代码。点击工具条中的 图标,再拾取相应的刀具轨迹,即可生成加工指令。

(2) 参数说明

① 加工参数表　加工参数表主要用于对粗加工中的各种工艺条件和加工方式进行限定,点击对话框中的"加工参数"标签即进入加工参数表,各加工参数含义如表 10-4 所示。

表 10-4　加工参数说明

内容	选项	说明
加工表面类型	外轮廓	采用外轮廓车刀,缺省加工方向角度为 180°(与 X 轴正方向为 0)
	内轮廓	采用内轮廓车刀,缺省加工方向角度为 180°(与 X 轴正方向为 0)
	端面	采用外端面车刀,缺省加工方向角度为 $-90°$ 或 270°(与 X 轴正方向为 0)
加工参数	干涉前角	做前角干涉检查时,确定干涉检查的角度
	干涉后角	做后角干涉检查时,确定干涉检查的角度
	切削行距	行间切入深度,两相邻切削行之间的距离
	加工余量	加工结束后,加工表面与最终加工结果相比的剩余量
	加工精度	对于直线和圆弧,机床可以精确地加工,机床将按给定的加工精度把样条转化成直线段处理
拐角过渡方法	圆弧	在切削过程中遇到拐角时刀具从轮廓的一边到另一边的过程中,以圆弧方式过渡
	尖角	在切削过程中遇到拐角时刀具从轮廓的一边到另一边的过程中,以尖角方式过渡
反向走刀	否	刀具按缺省方向走刀,即刀具从机床 Z 轴正向向 Z 轴负向移动
	是	刀具按缺省方向相反的方向走刀
详细干涉检查	否	假定刀具前后干涉角均为 0°,对凹槽部分不做加工
	是	加工凹槽时,用定义的干涉角度检查加工中是否有刀具前角及底切干涉,并按定义的干涉角度生成无干涉的切削轨迹
退刀时沿轮廓走刀	否	刀位行首末直接进退刀,不加工行与行之间的轮廓
	是	两刀位行之间如果有一段轮廓,在后一刀位行之前、之后增加对行之间轮廓的加工
刀尖半径补偿	编程时考虑半径补偿	所生成代码即为已考虑半径补偿的代码,无需机床再进行刀尖半径补偿
	有机床进行半径补偿	在生成加工轨迹时,假设刀尖半径为 0,按轮廓编程,不进行刀尖半径计算。所生成代码在用于实际加工时应根据实际刀尖半径由机床指定补偿值

② 进退刀方式　点击对话框中的"进退刀方式"标签即进入进退刀方式参数表,见图 10-10。该参数表用于对加工中的进退刀方式进行设定。

进刀方式:每行相对毛坯进刀方式用于指定对毛坯部分进行切削时的进刀方式;每行相

对加工表面进刀方式用于指定对加工表面部分进行切削时的进刀方式。

与加工表面成定角：指在每一切削行前加入一段与轨迹切削方向成一定角度的进刀段，刀具垂直进刀到该进刀段的起点，再沿该进刀段进刀至切削行。角度定义为该进刀段与轨迹切削方向的夹角，长度定义为该进刀段的长度。

垂直：指刀具直接进刀到每一切削行的起始点。

矢量：指在每一切削行前加入一段与系统 X 轴（机床 Z 轴）正方向成一定夹角的进刀段，刀具进到该进刀段的起点，再沿该进刀段进刀至切削行。角度定义为矢量（进刀段）与系统 X 轴正方向的夹角，长度定义为矢量（进刀段）的长度。

退刀方式：每行相对毛坯退刀方式用于指定对毛坯部分进行切削时的退刀方式；每行相对加工表面退刀方式用于指定对加工表面部分进行切削时的退刀方式。

与加工表面成定角：指在每一切削行后加入一段与轨迹切削方向成一定角度的退刀段，刀具先沿该退刀段退刀，再从该退刀段的末点开始垂直退刀。角度定义为该退刀段与轨迹切削方向的夹角，长度定义为该退刀段的长度。

垂直：指刀具直接进刀到每一切削行的起始点。

矢量：指在每一切削行后加入一段与系统 X 轴（机床 Z 轴）正方向成一定夹角的退刀段，刀具先沿该退刀段退刀，再从该退刀段的末点开始垂直退刀。角度定义为矢量（退刀段）与系统 X 轴正方向的夹角，长度定义为矢量（退刀段）的长度。

快速退刀距离：指以给定的退刀速度回退的距离（相对值），在此距离上以机床允许的最大进给速度退刀。

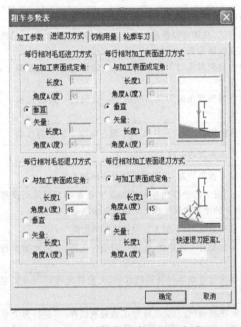

图 10-10　轮廓粗车进退刀方式

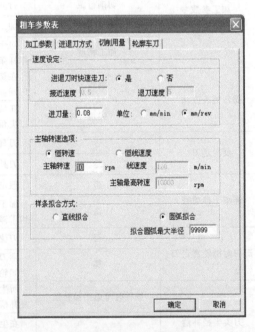

图 10-11　轮廓粗车切削用量参数表

③ 切削用量　在每种刀具轨迹生成时，都需要设置一些与切削用量及机床加工相关的参数。点击"切削用量"标签可进入切削用量参数设置窗口，见图 10-11。具体说明见表 10-5。

表 10-5 轮廓粗车切削用量参数说明

内容	选项	说　　明
速度设定	主轴转速	机床主轴旋转的速度
	切削速度	刀具切削工件时的进给速度
	接近速度	刀具接近工件时的进给速度
	退刀速度	刀具离开工件时的速度
主轴转数选项	恒转速	切削过程中按指定的主轴转速保持主轴转速恒定,直到下一指令改变该转速
	恒线转速	切削过程中按指定的线速度保持线速度恒定
样条拟合方式	直线拟合	对加工轮廓中的样条线根据给定的加工精度用直线段进行拟合
	圆弧拟合	对加工轮廓中的样条线根据给定的加工精度用圆弧段进行拟合

④ 轮廓车刀　对加工中所用的刀具参数进行设置。

(3) 加工实例

【例】　轮廓车刀加工二维图形画法实例。

图 10-12 所示被加工轮廓的粗车采用轮廓粗车。

① 选中 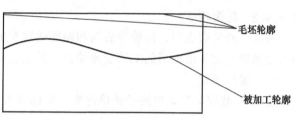,设定好加工参数,如图 10-13 所示。

② 设定进退刀和切削用量参数表。

③ 设置轮廓车刀,如图 10-14 所示。注意：刀具干涉前角和干涉后角的设置。

图 10-12 【例 10-1】图

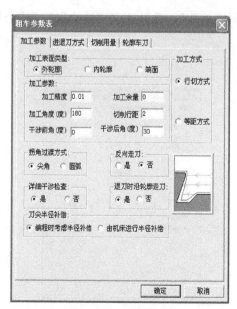

图 10-13 【例 10-1】轮廓粗车加工参数

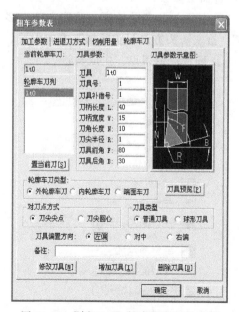

图 10-14 【例 10-1】轮廓粗车刀具参数

项目 10　CAXA 数控车自动编程

④ 设置好对话框后，用单个拾取拾取被加工的轮廓，回车，再用限制链拾取毛坯的轮廓。回车，给定进退刀点。产生的轨迹如图 10-15 所示。

⑤ 轨迹仿真。

⑥ 生成 G 代码。

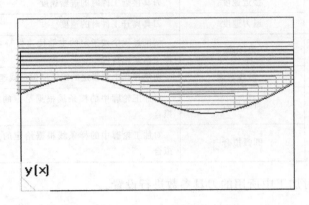

图 10-15 【例 10-1】轮廓粗车轨迹图

10.3.4.2 轮廓精车

对工件外轮廓表面、内轮廓表面和端面的精车加工。轮廓精车时要确定被加工轮廓，被加工轮廓就是加工结束后的工件表面轮廓，被加工轮廓不能闭合或自相交。

(1) 操作步骤

① 在"数控车"菜单的子菜单选取"轮廓精车"，如图 10-16 所示，或在工具条中点击图标，系统弹出加工参数表，如图 10-17 所示。

② 在参数表中首先确定被加工的是外轮廓，还是内轮廓或端面，接着按加工要求确定其他各加工参数。

③ 拾取被加工的轮廓，拾取方法大多为"限制链拾取"，此外还有"链拾取""单个拾取"。拾取箭头方向与实际加工方向无关。

④ 确定进退刀点。生成轨迹。

图 10-16 CAXA 数控车菜单

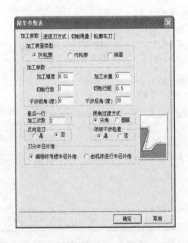

图 10-17 精车加工轮廓参数表

⑤ 生成 G 代码。点击工具条中的 ■ 图标，再拾取相应的刀具轨迹，即可生成加工指令。

(2) 参数说明

① 加工参数表 加工参数主要用于对精车加工中的各种工艺条件和加工方式进行限定。各加工参数含义说明如下（与轮廓粗车含义相同的省略）。

切削行距：行与行之间的距离，沿加工轮廓走刀一次称为一行。

切削行数：刀位轨迹的加工行数，不包括最后一行的重复次数。

最后一行加工次数：精车时，为提高车削的表面质量，最后一行常常在相同进给量的情况下进行多次切削，该处定义多次切削的次数。

② 进退刀方式 点击"进退刀方式"标签即进入进退刀方式参数表，如图 10-18 所示，该参数表用于对加工中的进退刀方式进行设定，各参数的含义见轮廓粗车部分。

③ 切削用量：切削用量参数表的说明见轮廓粗车的说明，见表 10-5。

④ 轮廓车刀：对加工中所用的刀具参数进行设置。

10.3.4.3 车槽

该功能可以在工件外轮廓表面、内轮廓表面或端面切槽。切槽时要确定被加工轮廓，被加工轮廓就是加工结束后的工件表面轮廓，被加工轮廓不能闭合或自相交。

(1) 操作步骤

① 在"数控车"菜单的子菜单选取"切槽"，如图 10-19 所示，或在工具条中点击 ■ 图标，系统弹出加工参数表，如图 10-20 所示。

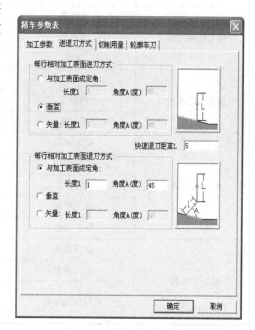

图 10-18 轮廓精车进退刀方式参数表

图 10-19 CAXA 数控车菜单

图 10-20 切槽轮廓参数表

② 在参数表中首先确定被加工的是外轮廓，还是内轮廓或端面，接着按加工要求确定其他各加工参数确定。

③ 拾取被加工的轮廓，拾取方法大多为"限制链拾取"，此外还有"链拾取""单个拾取"。

④ 确定进退刀点，生成轨迹。

⑤生成 G 代码。点击工具条中的 图标，再拾取相应的刀具轨迹，即可生成加工指令。

(2) 参数说明

切槽加工参数主要对切槽加工中各种工艺条件和加工方式进行限定。各加工参数含义说明见表 10-6（与轮廓粗车、轮廓精车含义相同的省略）。

表 10-6 切槽加工参数说明

内容	选项	说明
加工轮廓类型	外轮廓	外轮廓切槽或用切槽刀加工外轮廓
	内轮廓	内轮廓切槽或用切槽刀加工内轮廓
	端面	端面切槽或用切槽刀加工端面
加工工艺类型	粗加工	对槽只进行粗加工
	精加工	对槽只进行精加工
	粗加工＋精加工	对槽进行粗加工之后接着做精加工
粗加工参数	延迟时间	粗车槽时,刀具在槽的底部停留的时间
	切深步距	沿切深方向进刀量
	平移步距	沿槽宽方向,第一刀和第二刀之间的距离
	退刀距离	粗车槽中进行下一行切削前退刀到槽外的距离
	加工余量	被加工表面未被加工部分的预留量
精加工参数	退刀距离	精加工中切削完一行之后,进行下一行切削前退刀的距离
	加工余量	被加工表面未被加工部分的预留量
	末行加工次数	精车槽时,为提高加工的表面质量,最后一行常常在相同进给量的情况进行多次车削

10.3.4.4 钻中心孔

CAXA 数控车提供了多种钻孔方式，包括高速啄式深孔钻、左攻螺纹、精镗孔、钻孔及反镗孔等。该功能可以在工件的旋转中心钻中心孔。车削加工中的钻孔位置只能是工件的旋转中心，最终所有的加工轨迹都在工件的旋转轴上，也就是系统的 X 轴（机床的 Z 轴）上。

(1) 操作步骤

① 在"数控车"菜单的子菜单选取"钻中心孔"，或在工具条中点击 图标，系统弹出加工参数表，如图 10-21 所示。

② 确定各加工参数后，拾取钻孔的起始点，因为轨迹只能在系统的 X 轴上（机床的 Z 轴），所以把输入的点向系统的 X 轴投影，得到的投影点作为钻孔的起始点，然后生成钻孔加工轨迹。

(2) 参数说明

加工参数：加工参数主要对加工中的各种工艺条件和加工方式进行限定。各加工参数含义说明见表 10-7。

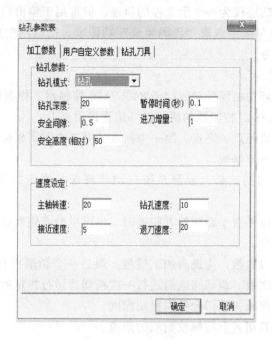

图 10-21 钻孔参数表

表 10-7 钻孔加工参数说明

内容	选项	说 明
钻孔参数	钻孔深度	指要钻孔的深度
	暂停时间	攻螺纹时刀在工件底部的停留时间
	钻孔模式	钻孔的方式,钻孔模式不同,后置处理中用到机床的固定循环指令不同
	进刀增量	深孔钻时每次进刀量或镗孔时每次侧进量
速度设定	接近速度	刀具接近工件时的进给速度
	钻孔速度	钻孔时的进给速度
	主轴转速	主轴旋转的速度
	退刀速度	刀具离开工件的速度

钻孔车刀:参看刀具管理说明。

10.3.4.5 螺纹固定循环

CAXA 数控车的该功能采用固定循环方式加工螺纹,输出的代码适用于西门子 840C/840 控制器。

(1) 操作步骤

① 在"数控车"子菜单区中选取"螺纹固定循环"功能项。然后依次拾取螺纹起点、终点、第一个中间点、第二个中间点。该固定循环功能可以进行两段或三段螺纹连接加工。若只有一段螺纹,则在拾取完终点后右键回车;若只有两段螺纹,则在拾取完第一个中间点后右键回车。

② 拾取完毕,弹出加工参数表,如图 10-22 所示,前面拾取的点的坐标也将显示在参数表中,用户可在该参数表对话框中确定各加工参数。参数填写完毕,选择"确认"按钮,

生成刀具轨迹。该刀具轨迹仅为一个示意性的轨迹，但可用于输出固定循环指令。

③ 在"数控车"菜单区中选取"代码生成"功能项，拾取刚生成的刀具轨迹，即可生成螺纹加工固定循环指令。

(2) 参数说明

该螺纹切削固定循环功能仅针对西门子840C/840控制器。详细的参数说明和代码格式说明可参考西门子840C/840控制器的固定循环编程说明书。

螺纹参数表中的螺纹起点、终点、第一中间点、第二中间点坐标及螺纹长度来自前面的拾取结果，用户可以进一步修改。

粗切次数：螺纹粗切的次数。控制系统自动计算保持固定的切削截面时各次进刀的深度。

进刀角度：刀具可以垂直于切削的方向进刀，也可以沿着侧面进刀。角度无符号输入并且不能超过螺旋角的一半。

空转数：指末行走刀次数，为提高加工质量，最后一个切削行有时需要重复走刀多次，此时需要指定重复走刀次数。粗切完成后进行一次精切后运行指定的空转数。

精切余量：螺纹深度减去精切余量为粗切深度。

始端延伸距离：刀具切入点与螺纹始端的距离。

末端延伸距离：刀具退刀点与螺纹末端的距离。

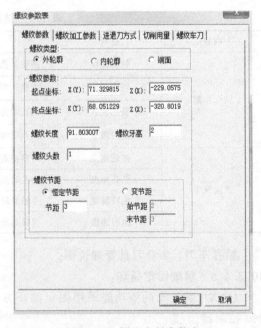

图 10-22　螺纹固定循环加工参数表　　　图 10-23　螺纹车削参数表

10.3.4.6　车螺纹

CAXA数控车的该功能为非固定循环方式加工螺纹，可对螺纹加工中的各种工艺条件、加工方式进行更为灵活的控制。

(1) 操作步骤

① 在"数控车"菜单的子菜单选取"车螺纹"，或在工具条中点击 图标，依次拾取

螺纹的起点和终点。系统弹出加工参数表,如图10-23所示。

② 参数填写完毕,选择确认按钮,即生成螺纹车削刀具轨迹。

③ 生成G代码。点击工具条中的 图标,再拾取相应的刀具轨迹,即可生成加工指令。

(2) 参数说明

"螺纹参数表"如图10-23所示,主要包含了与螺纹性质相关的参数,如螺纹深度、节距、头数等。螺纹起点和终点坐标来自前一步的拾取结果,用户也可以进行修改。

"螺纹加工参数"选项如图10-24所示,用于对螺纹加工中的工艺条件和加工方式进行设置,各参数说明见表10-8。

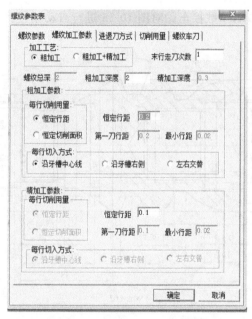

图10-24 螺纹车削加工参数表

表10-8 螺纹加工参数说明

内容	选项	说明
加工工艺	粗加工	指直接采用粗切方式加工螺纹
	粗加工+精加工	指根据指定的粗加工深度进行粗切后,再采用精切方式
	精加工深度	螺纹精加工的切深量
	粗加工深度	螺纹粗加工的切深量
每行切削用量	恒定行距	每一切削行的间距保持恒定
	恒定切削面积	为保证每次切削的切削面积恒定,各次切削将逐步减少,直至等于最少行距。用户需指定第一刀行距及最小行距
	末行走刀次数	为提高加工质量,最后一个切削行有时需要重复走刀多次,此时需要指定重复走刀次数
	每行切入方式	指刀具在螺纹始端切入时的切入方式。刀具在螺纹末端的退出方式与切入方式相同

其他参数的设定依照前面的解释。

记一记：

10.4 项目实施

运用自动编程软件 CAXA 数控车，对图 10-25 进行自动编程。

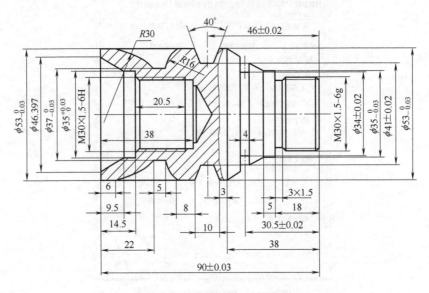

图 10-25　CAXA 数控车综合练习图纸

10.4.1 零件左端外轮廓的自动编程

(1) 绘制草图

① 按尺寸绘制一半的草图，如图 10-26 所示。

② 绘制左端外圆毛坯，如图 10-27 所示。

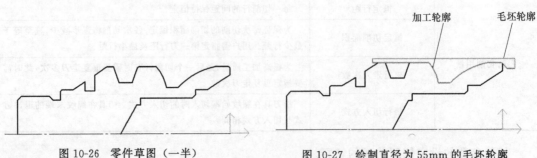

图 10-26　零件草图（一半）　　　　　图 10-27　绘制直径为 55mm 的毛坯轮廓

（2）设置左端粗车参数

车左端外轮廓（设置粗车参数），如图10-28所示。

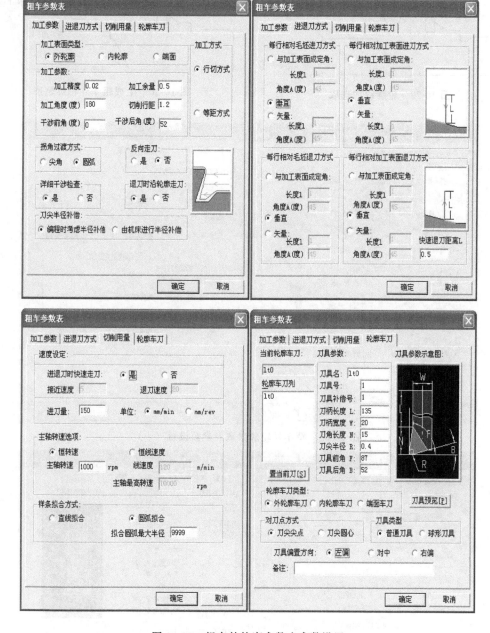

图10-28 粗车外轮廓参数表参数设置

（3）生成粗加工轨迹

① 轮廓线的选取：先选取加工轮廓。再选取毛坯轮廓，如图10-29所示。

② 生成粗车轨迹，如图10-30所示。

（4）设置左端精车参数

车左端外轮廓（设置精车参数），如图10-31、图10-32所示。

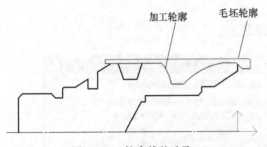
图 10-29 轮廓线的选取

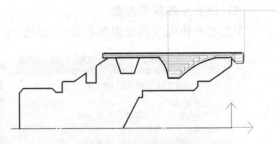
图 10-30 生成粗车外轮廓轨迹

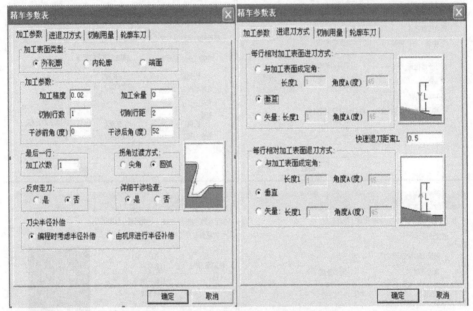
图 10-31 精车外轮廓参数表参数设置（一）

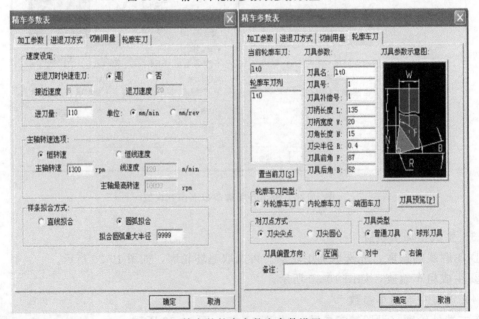
图 10-32 精车外轮廓参数表参数设置（二）

(5) 生成精加工轨迹

① 轮廓线的选取：直接选取加工轮廓。如图 10-33 所示。

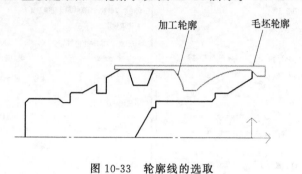

图 10-33　轮廓线的选取

② 生成精车轨迹，如图 10-34 所示。

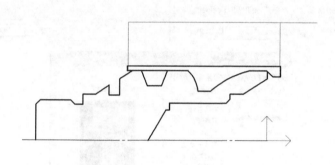

图 10-34　生成精车外轮廓轨迹

(6) 绘制左端切槽草图

切槽开口锐角倒圆 $R0.3$，绘制出左端零件的槽，如图 10-35 所示。

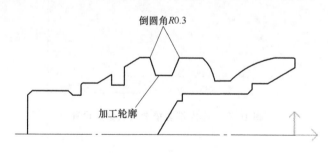

图 10-35　左端外轮廓零件槽草图

(7) 设置左端槽参数

车左端槽（设置粗精车参数），如图 10-36 所示。

(8) 生成切槽轨迹

① 轮廓线的选取：直接选取加工轮廓。如图 10-34 所示。

② 生成切槽轨迹，如图 10-37 所示。

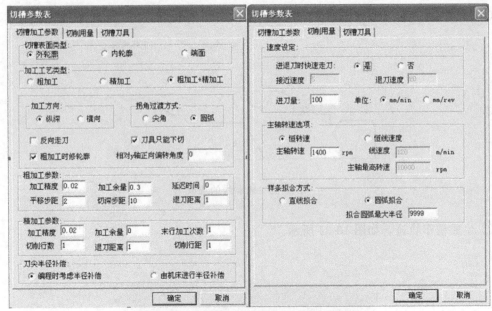

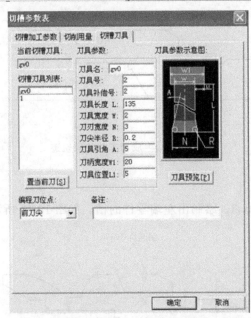

图 10-36　车左端切槽参数表参数设置

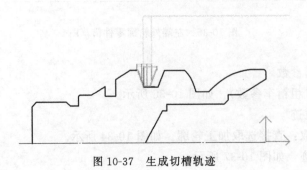

图 10-37　生成切槽轨迹

记一记：

10.4.2 零件左端内轮廓的自动编程

（1）绘制草图

绘制内孔直径为 23mm 的毛坯轮廓，如图 10-38 所示。

（2）设置左端内轮廓粗车参数

车左端外轮廓（设置粗车参数），如图 10-39 所示。

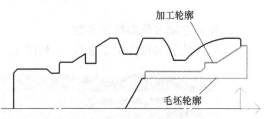

图 10-38　内轮廓草图

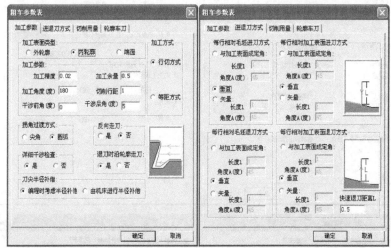

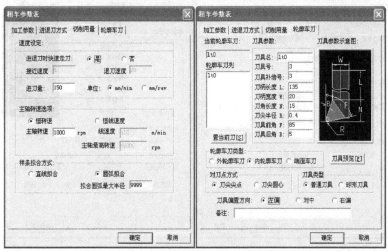

图 10-39　粗车内轮廓参数表参数设置

(3) 生成粗加工轨迹

① 轮廓线的选取：先选取加工轮廓，再选取毛坯轮廓，如图 10-38 所示。

② 生成粗车内轮廓轨迹，如图 10-40 所示。

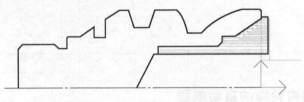

图 10-40　生成粗车内轮廓轨迹

(4) 设置左端内轮廓精车参数

车左端内轮廓（设置精车参数），如图 10-41 所示。

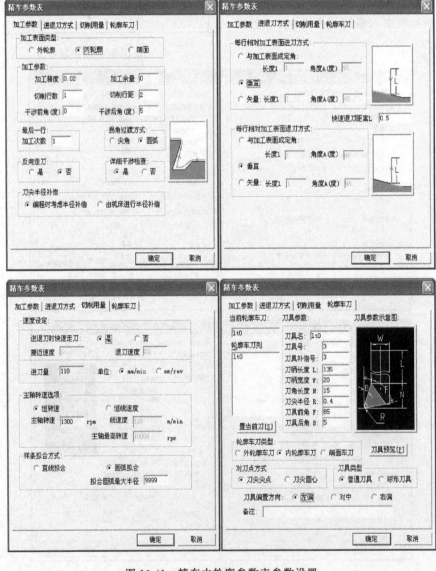

图 10-41　精车内轮廓参数表参数设置

（5）生成精加工轨迹

① 轮廓线的选取：直接选取加工轮廓。如图 10-40 所示。

② 生成精车轨迹，如图 10-42 所示。

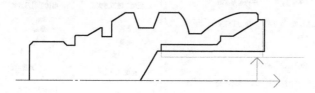

图 10-42　生成精车内轮廓轨迹

（6）绘制左端内螺纹草图

绘制升速段延长线 3mm，如图 10-43 所示。

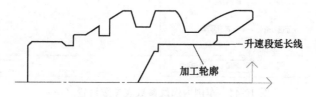

图 10-43　左端内轮廓零件螺纹草图

（7）设置左端内螺纹参数

车左端内螺纹（设置螺纹参数），如图 10-44、图 10-45 所示。

（8）生成螺纹加工轨迹

① 轮廓线的选取：选择升速段线起点，再选择加工轮廓线终点。

② 生成精车轨迹，如图 10-46 所示。

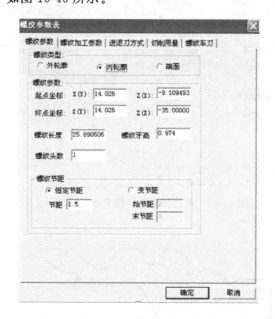

图 10-44

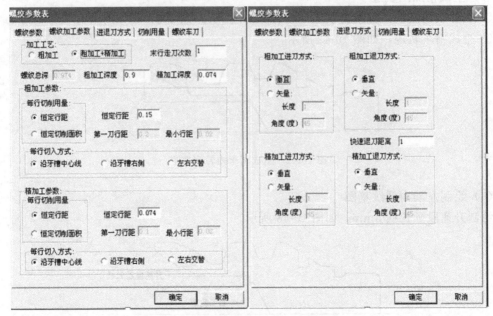

图 10-44　车削内螺纹参数表参数设置（一）

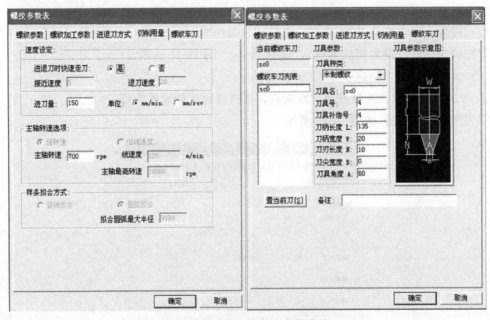

图 10-45　车削内螺纹参数表参数设置（二）

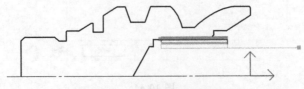

图 10-46　生成内螺纹加工轨迹

记一记：

10.4.3 零件右端外轮廓的自动编程

（1）绘制草图

绘制右端外圆毛坯直径为55mm，如图10-47所示。

（2）设置右端粗车参数

车右端外轮廓（设置粗车参数），如图10-48所示。

图10-47 绘制直径为55mm的毛坯轮廓

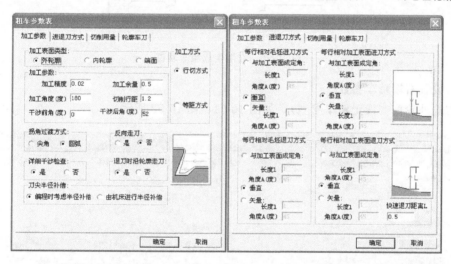

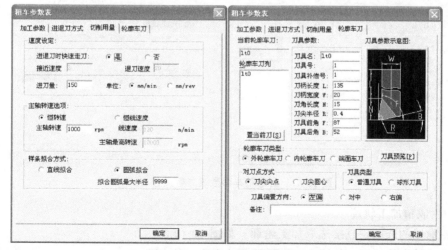

图10-48 粗车参数表参数设置

项目10 CAXA数控车自动编程

(3) 生成粗加工轨迹

① 轮廓线的选取：先选取加工轮廓，再选取毛坯轮廓，如图 10-49 所示。

② 生成粗车轨迹，如图 10-50 所示。

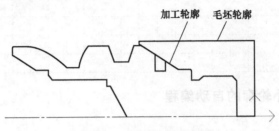

图 10-49　右端轮廓线的选取

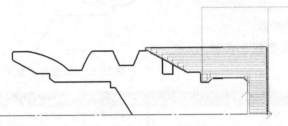

图 10-50　右端生成粗车轨迹

(4) 设置右端精车参数

车右端外轮廓（设置精车参数），如图 10-51、图 10-52 所示。

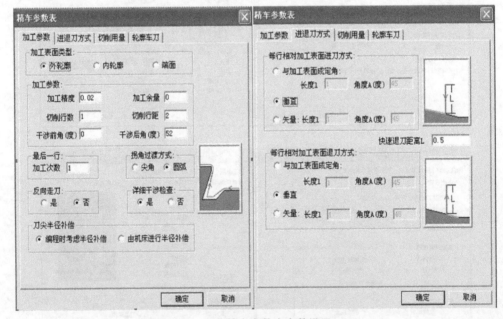

图 10-51　右端精车参数表参数设置（一）

(5) 生成精加工轨迹

① 轮廓线的选取：直接选取加工轮廓。如图 10-49 所示。

② 生成精车轨迹图，如图 10-53 所示。

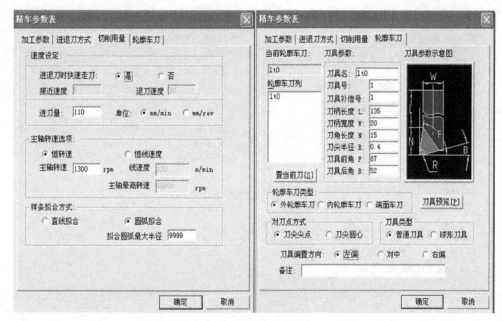

图 10-52 右端精车参数表参数设置（二）

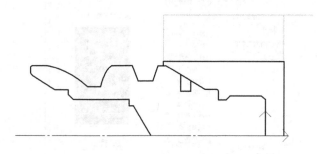

图 10-53 生成右端精车轨迹

(6) 绘制右端切槽草图

切槽开口锐角倒圆 $R0.3$、$C0.1$ 倒角延长线，绘制出右端零件的槽，如图 10-54 所示。

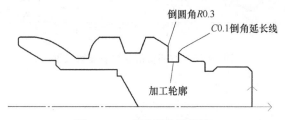

图 10-54 右端零件槽草图

(7) 设置右端槽参数

车右端槽（设置粗精车参数），如图 10-55 所示。

(8) 生成切槽轨迹

① 轮廓线的选取：直接选取加工轮廓。如图 10-54 所示。

② 生成切槽轨迹，如图 10-56 所示。

项目 10 CAXA 数控车自动编程 189

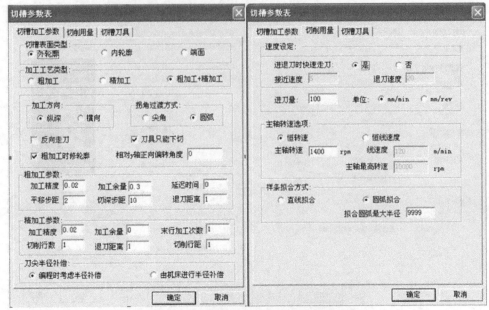

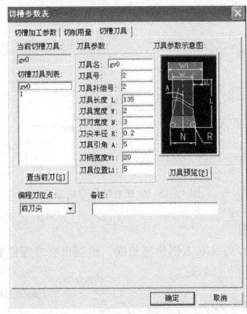

图 10-55 右端切槽参数表参数设置

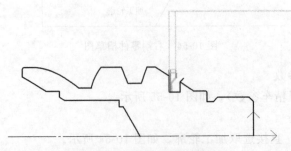

图 10-56 生成右端切槽轨迹

(9) 绘制右端螺纹草图

绘制升速段延长线 3mm，如图 10-57 所示。

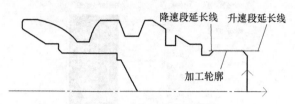

图 10-57　右端零件螺纹草图

(10) 设置右端螺纹参数

车右端螺纹（设置螺纹参数），如图 10-58、图 10-59 所示。

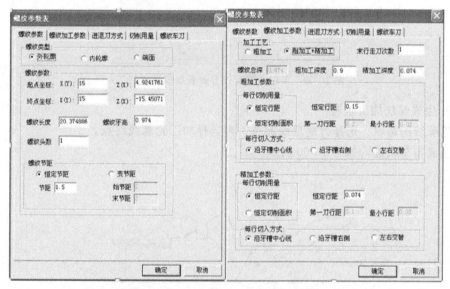

图 10-58　车削右端螺纹参数表参数设置（一）

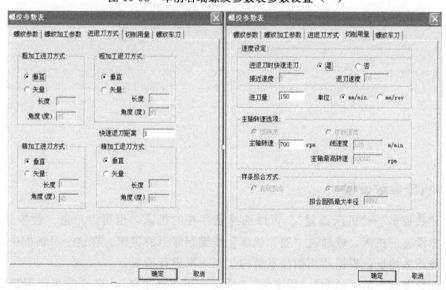

图 10-59

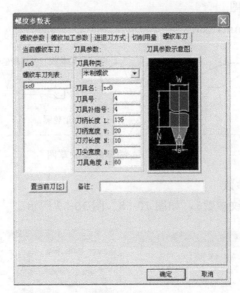

图 10-59 车削右端螺纹参数表参数设置（二）

（11）生成螺纹加工轨迹

① 轮廓线的选取：选择升速段线起点，再选择加工轮廓线终点。

② 生成精车轨迹，如图 10-60 所示。

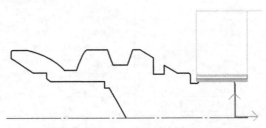

图 10-60 生成右端螺纹加工轨迹

记一记：

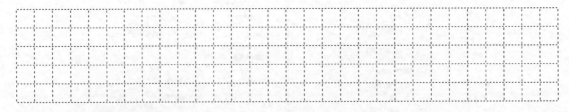

10.4.4 机床参数设置

选择"数控车"→"机床设置"，可以选择已存在的机床，也可以单击"数控床"按键，增加系统中没有的机床，或通过"删除机床"按键删除当前机床。在这个对话框中，可以对机床的各种指令地址，根据所用数控系统的代码规则进行设置。

机床配置参数中的"说明""程序头""换刀"和"程序尾"，必须按照使用数控系统的编程规则，利用宏指令格式书写，否则生成的数控加工程序可能无法使用。机床类型设置页面如图 10-61 所示。

图 10-61 机床类型设置页面

记一记：

10.4.5 后处理设置

在生成后置代码时，必须保证绘图零件的工件坐标系零点与绘图坐标系的零点重合，否则生成出来的后置 G 代码里的坐标值就会不正确。如图 10-62 所示。

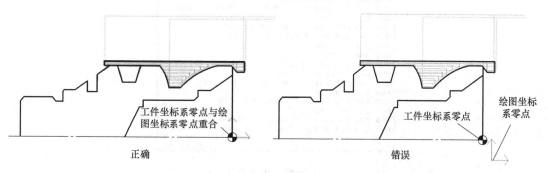

图 10-62 重合状态是否正确

10.4.6 生成代码

生成代码步骤如图 10-63～图 10-65。

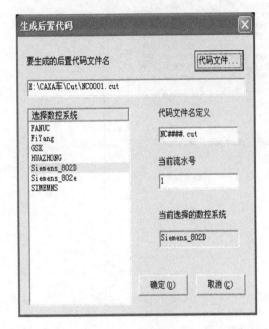

图 10-63 选择系统（一）

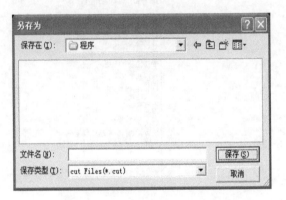

图 10-64 选择系统（二）

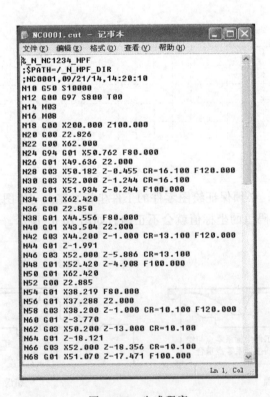

图 10-65 生成程序

记一记：

10.4.7 轨迹仿真

选择"数控车"→"轨迹仿真"，在屏幕左下角弹出
对话框。在对话框中选择三种仿真模式，如图 10-66～图 10-68 所示。用鼠标左键选择要仿真的轨迹，单击右键结束，仿真开始。

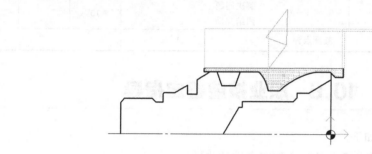

图 10-66 轨迹仿真

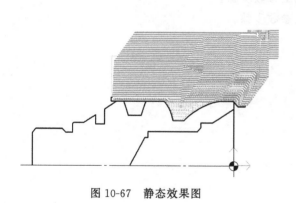

图 10-67 静态效果图

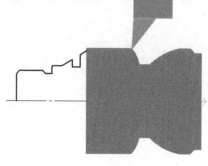

图 10-68 二维实体效果图

记一记：

10.5 任务评价

CAXA 数控车软件操作评分标准见表 10-9。

表 10-9 CAXA 数控车软件操作评分标准

姓名			得分		
项目	序号	检查内容	配分	点评	得分
知识掌握(30 分)	1	基本知识	30		
CAXA 数控车的使用操作(60 分)	2	CAXA 数控车面板的组成及功用	10		
	3	CAXA 数控车 CAM 功能的使用	15		
	4	CAXA 数控车 CAD 功能的使用	10		
	5	CAXA 数控车的后置处理	10		
	6	CAXA 数控车程序的准确性	15		
团队协作(10 分)	7	解决问题 团结互助	10		
教师点评					

10.6 职业技能鉴定指导

知识技能复习要点如下。

① 简述 CAXA 数控车粗车外轮廓加工参数的步骤。

② 简述 CAXA 数控车粗车内轮廓加工参数步骤。

③ 简述 CAXA 数控车粗车螺纹加工参数步骤。

参 考 文 献

[1] 夏铭,郭建青. 数控机床编程及操作. 南京:东南大学出版社,2014.
[2] 李兴凯. 数控车床编程与操作. 北京:北京理工大学出版社,2016.
[3] 韩秋燕. 数控加工仿真项目化教学. 北京:北京理工大学出版社,2017
[4] 李东君,文娟萍. 数控车削加工技术与技能. 北京:外语教学与研究出版社,2017.
[5] 关颖. FANUC系统数控车床培训教程. 北京:化学工业出版社,2006.
[6] 徐洪海. 数控刀具及其应用. 北京:化学工业出版社,2005.
[7] 王荣兴. 使用数控车床的零件加工. 北京:高等教育出版社,2016.